新工科教育创新改革系列丛书

信息技术与艺术设计
——创新教育及实践

主　编　刘莉莉
副主编　董作霖　刘　丹　王　栋

北京航空航天大学出版社

内容简介

本书分为两篇。第1篇为信息技术创新，介绍与云端自动化办公、数字媒体技术和信息前沿技术三大领域相关的知识与技术，主要包括 Excel 数据表单设计的高级应用、快速数据分析与统计工具简道云的使用、数字媒体资源爱剪辑、易企秀的制作应用等内容。通过相关内容的学习，可以培养学生对信息技术的综合应用能力、实验探究能力、总结归纳能力及自学创新能力，实现知识、能力、素质的有机融合以及对所学专业知识与信息技术知识的交叉融合应用。第2篇为艺术设计创新，以艺术设计类专业学生必须掌握的 Photoshop 软件为平台，通过讲解案例制作过程，展现艺术设计创作过程的丰富性、灵活性和开拓性，明确设计思维先于设计工具的理念，启发和引导学生举一反三、有开创性地开展艺术设计活动。

本书可作为高等院校创新类课程和艺术设计类相关专业的教材，也适合从事相关设计创作人员参考。

图书在版编目(CIP)数据

信息技术与艺术设计：创新教育及实践 / 刘莉莉主编. －－北京：北京航空航天大学出版社，2021.10
（新工科教育创新改革系列丛书）
ISBN 978-7-5124-3616-9

Ⅰ. ①信… Ⅱ. ①刘… Ⅲ. ①信息技术－教学研究－工科院校②艺术－设计－教学研究－工科院校 Ⅳ. ①G202②J06

中国版本图书馆 CIP 数据核字(2021)第 213803 号

版权所有，侵权必究。

信息技术与艺术设计——创新教育及实践
主　编　刘莉莉
副主编　董作霖　刘　丹　王　栋
策划编辑　董宜斌　　责任编辑　杨　昕
*
北京航空航天大学出版社出版发行
北京市海淀区学院路 37 号（邮编 100191）　http://www.buaapress.com.cn
发行部电话：(010)82317024　传真：(010)82328026
读者信箱：copyrights@buaacm.com.cn　邮购电话：(010)82316936
涿州市新华印刷有限公司印装　各地书店经销
*
开本：710×1 000　1/16　印张：20.75　字数：467 千字
2022 年 1 月第 1 版　2022 年 10 月第 2 次印刷
ISBN 978-7-5124-3616-9　定价：60.00 元

若本书有倒页、脱页、缺页等印装质量问题，请与本社发行部联系调换。联系电话：(010)82317024

新工科教育创新改革系列丛书

新工科教育创新改革系列丛书系河南省高等教育教学改革研究项目"先进制造业强省背景下应用型高校新工科卓越工程人才培养体系的研究与实践"[2019SJGLX160]、河南省新工科研究与实践项目"新工科视域下电子信息类专业创新创业教育课程体系研究与实践"[2020JGLX086]、河南省高等教育教学改革研究项目"应用型本科院校创新创业教育改革的研究与实践"[2019SJGLX611]成果。

新工科教育创新改革系列丛书
编委会

主　编： 刘莉莉

副主编： 董作霖　姚永刚　郭祖华

编　委：

程雪利	褚有众	康玉辉	刘　丹	刘　刚	孙　冬
孙　波	王　栋	王玉萍	杨雪莲	杨其锋	张清叶

参编人员：

迟明路	陈修铭	陈荣尚	陈学锋	常帅兵	丁海波
习修慧	段翠芳	冯　婕	郭朝博	郭战永	葛　焱
耿　磊	何朦凡	侯锁军	靳静波	刘玉堂	刘慧芳
李敬伟	李景阳	李金花	李金玉	李扬波	李　坤
李慧芳	李发闯	李　燕	马同伟	马世霞	马秉馨
马天凤	毛　强	璩晶磊	司媛媛	王　珂	王党生
王强胜	王　敏	杨　航	闫雷兵	翟海庆	张　茜
张英争	赵卫康	赵　梦	赵向阳	朱亚宁	朱松梅

前　言

创新是引领发展的第一动力,是建设现代化经济体系的战略支撑。为了加快建设创新型国家,党的十九大报告进一步明确了创新在引领经济社会发展中的重要地位,标志着创新驱动作为一项基本国策,在新时代中国发展的征程上,将发挥越来越重要的战略支撑作用。

近些年,我国着重实施创新驱动战略,在创新型国家的建设中,天宫遨游、蛟龙潜海、天眼望星、悟空探测、墨子通信等一大批重大科技成果相继问世,这是我国创新成果的新纪录。这些超越了自己、实现了突破、代表了前沿或领先于国际的科技成果,使我们从科技领域的追赶者逐渐变为与先进国家并驾齐驱甚至某些领域的领跑者,推动着以高铁、核电等为代表的中国制造,并将先进产能输送出去,促进了中国经济向中高端迈进。

创新是国家持续发展的动力源泉,对于个人来说,也同样十分重要,这就需要有科学理论的指导、循序渐进的培养、融合专业的实践。在国务院《关于深化高等学校创新创业教育改革的实施意见》中,明确要求建立健全集创新创业课程教学、自主学习、结合实践、指导帮扶、文化引领于一体的高校创新创业教育体系,实现人才培养质量显著提升。

为了进一步贯彻落实创新驱动发展战略,深化创新教育教学改革,河南工学院构建了集大学生基础创新,学科基础创新、专业创新、综合实践创新于一体的创新课程体系,打造了四年不间断创新教育品牌。"信息技术创新"和"艺术设计创新"是学科基础创新模块中的两门课程。本书就是为培养学生的信息技术创新能力和艺术设计创新能力而编写的,着重从应用型本科院校学生特点和需求着手,选取行业实际案例,以达到培养学生跨学科创新能力的目的。

本书由刘莉莉担任主编,董作霖、刘丹、王栋担任副主编,马同伟、翟海庆、张茜、何朦凡、马世霞、李敬伟、赵卫康、葛焱为参编。第1篇信息技术创新,分工如下:马同伟编写第1、2章,刘丹、徐帅编写第3章,张茜编写第4、7、9章,何朦凡编写第5章,翟海庆编写第6章,马世霞编写第8章,李敬伟编写第10章;第2篇艺术设计创新,分工如下:葛焱编写第1、2、5章,赵卫康编写第3、6、8章,王栋编写第4、7章。

本书在撰写过程中参考了部分相关资料,并得到了帆软软件有限公司、北京中网易企秀科技有限公司、北京磨刀刻石科技有限公司等企业的支持和帮助,在此,我们向有关企业专家、作者表示衷心的感谢!

由于编者水平有限,书中不当和疏漏之处在所难免,恳请学术同仁与广大读者批评指正。

编　者
2021年9月于新乡

目 录

第 1 篇 信息技术创新

第 1 章 数据可视化实现 ……………………………………………………… 3
- 1.1 Excel 基本概念 …………………………………………………………… 3
- 1.2 单元格、工作表和工作簿 ………………………………………………… 3
- 1.3 公式计算与函数计算 ……………………………………………………… 7
  - 1.3.1 公式与函数的多表间引用 …………………………………………… 7
  - 1.3.2 函 数 ………………………………………………………………… 7
- 1.4 图表分析 …………………………………………………………………… 9
- 1.5 综合案例：个人理财表格的设计开发 …………………………………… 10
  - 1.5.1 单月理财表格制作 …………………………………………………… 10
  - 1.5.2 个人理财表格汇总制作 ……………………………………………… 12

第 2 章 数据的自动化获取 …………………………………………………… 14
- 2.1 认识宏 ……………………………………………………………………… 14
  - 2.1.1 宏的基本概念 ………………………………………………………… 14
  - 2.1.2 Excel VBA 中的宏 …………………………………………………… 14
- 2.2 宏的制作 …………………………………………………………………… 15
  - 2.2.1 制作宏的方法 ………………………………………………………… 15
  - 2.2.2 宏的录制与维护 ……………………………………………………… 15
  - 2.2.3 执行宏 ………………………………………………………………… 17
- 2.3 VBA 概述 ………………………………………………………………… 19
  - 2.3.1 VBA 的概念 ………………………………………………………… 19
  - 2.3.2 VBA 的历史 ………………………………………………………… 19
  - 2.3.3 VBA 的工作原理 …………………………………………………… 20
  - 2.3.4 VBA 与 VB ………………………………………………………… 20
  - 2.3.5 VBA 编辑器 ………………………………………………………… 21
  - 2.3.6 VBA 语法 …………………………………………………………… 22
- 2.4 下拉菜单 …………………………………………………………………… 22
- 2.5 综合实例：调查问卷数据的自动汇总 …………………………………… 24

第 3 章 云端自动化办公的设计与实现 ……………………………………… 27
- 3.1 为什么要使用云端办公自动化 …………………………………………… 27

    3.1.1　云端办公自动化简介 ……………………………………………… 27
    3.1.2　云端办公自动化工具 ……………………………………………… 28
3.2　简道云的使用 …………………………………………………………………… 28
    3.2.1　账号注册和建立团队 ……………………………………………… 29
    3.2.2　工作台 ……………………………………………………………… 30
    3.2.3　表单设计 …………………………………………………………… 32
    3.2.4　流程设定 …………………………………………………………… 35
    3.2.5　表单发布 …………………………………………………………… 38
    3.2.6　数据管理 …………………………………………………………… 39
    3.2.7　仪表盘设计 ………………………………………………………… 40
3.3　综合案例：丽水南城实验幼儿园办公自动化系统 …………………………… 41
    3.3.1　案例背景 …………………………………………………………… 41
    3.3.2　系统介绍 …………………………………………………………… 41

第4章　平面海报设计 ……………………………………………………………… 50

4.1　从美学角度认识PS ……………………………………………………………… 50
    4.1.1　知识导读：PS的应用领域 ………………………………………… 50
    4.1.2　知识扩展：设计师眼中的作品 …………………………………… 52
4.2　平面设计与抠图技巧 …………………………………………………………… 54
    4.2.1　平面设计基础知识 ………………………………………………… 54
    4.2.2　掌握多种简单抠图技巧 …………………………………………… 55
4.3　人像处理技巧 …………………………………………………………………… 65
    4.3.1　磨皮概述 …………………………………………………………… 65
    4.3.2　高低频磨皮原理 …………………………………………………… 65
    4.3.3　如何对图像进行高低频磨皮 ……………………………………… 66
    4.3.4　知识拓展 …………………………………………………………… 72
4.4　综合案例：制作完美证件照 …………………………………………………… 74

第5章　微电影制作 ………………………………………………………………… 78

5.1　手机微电影拍摄前的注意事项 ………………………………………………… 78
    5.1.1　创意策划 …………………………………………………………… 78
    5.1.2　确定拍摄主题 ……………………………………………………… 78
    5.1.3　团队协作 …………………………………………………………… 79
    5.1.4　微电影素材采集 …………………………………………………… 79
5.2　微电影分镜头创作技巧 ………………………………………………………… 79
    5.2.1　分镜头脚本的创作要求 …………………………………………… 79
    5.2.2　怎样写好分镜头脚本 ……………………………………………… 80
5.3　微电影的后期剪辑方法和技巧 ………………………………………………… 81

5.3.1 了解剪映APP ··· 81
5.3.2 剪映界面介绍 ··· 81
5.3.3 剪映APP后期剪辑的注意事项 ································· 83
5.4 掌握并制作手机微电影作品 ··· 88
5.4.1 项目实战 ··· 88
5.4.2 项目制作步骤 ··· 89

第6章 宣传动画制作 ··· 90

6.1 从制作者的角度认识易企秀 ··· 90
6.1.1 易企秀简介 ··· 90
6.1.2 制作者眼中的易企秀 ··· 90
6.2 易企秀制作基础 ··· 91
6.2.1 组 件 ·· 91
6.2.2 动 画 ·· 95
6.2.3 素 材 ·· 96
6.3 易企秀高级操作 ··· 97
6.3.1 编辑操作 ··· 97
6.3.2 预览和设置 ··· 98
6.4 综合案例：个人简历宣传动画的制作 ··································· 100

第7章 就业职位的精准检索与分析 ··· 102

7.1 就业岗位分析背景介绍 ··· 102
7.1.1 商业智能简介 ·· 102
7.1.2 BI工具 ·· 103
7.2 FineBI的基础使用 ·· 105
7.2.1 数据连接 ·· 105
7.2.2 数据加工 ·· 111
7.2.3 数据可视化 ·· 119
7.2.4 仪表板管理与分享 ·· 138
7.3 综合案例：人工智能岗位分析 ··· 141

第8章 跨平台小程序开发 ··· 143

8.1 从开发者的角度认识俄罗斯方块 ······································· 143
8.1.1 知识导读：俄罗斯方块简介 ···································· 143
8.1.2 知识拓展：开发者眼中的俄罗斯方块 ···························· 144
8.2 小游戏编写的语言基础 ··· 144
8.2.1 Python语言的特点 ·· 145
8.2.2 Python编程入门 ·· 146

    8.2.3 Python 序列结构 ……………………………… 150
    8.2.4 Python 函数 …………………………………… 154
    8.2.5 Python 面向对象程序设计 …………………… 157
  8.3 深入理解 Python 库 …………………………………… 163
  8.4 综合案例：俄罗斯方块游戏制作 …………………… 168

第 9 章 UI 界面设计 ………………………………………… 171
  9.1 视觉传达设计信息 …………………………………… 171
    9.1.1 知识导读：视觉传达设计中的图形语言 …… 171
    9.1.2 知识扩展：图形语言在视觉传达中的错误表达 …… 172
  9.2 UI 设计知识理论 ……………………………………… 176
    9.2.1 UI 设计基础 …………………………………… 176
    9.2.2 UI 设计平台 …………………………………… 176
    9.2.3 UI 设计风格 …………………………………… 177
  9.3 UI 组件开发 …………………………………………… 177
    9.3.1 墨刀使用指南 ………………………………… 177
    9.3.2 知识问答 ……………………………………… 179
  9.4 党史教育学习 APP 设计开发 ………………………… 179

第 10 章 移动媒体的设计与开发 …………………………… 182
  10.1 Android 简介 ………………………………………… 182
    10.1.1 Android 发展历史 …………………………… 182
    10.1.2 Android 平台架构 …………………………… 183
  10.2 Android 应用开发 …………………………………… 185
    10.2.1 开发环境搭建 ………………………………… 185
    10.2.2 创建 Android 应用程序 ……………………… 188
  10.3 Android 常见界面布局 ……………………………… 190
    10.3.1 界面的常用属性 ……………………………… 190
    10.3.2 Android 常见界面控件 ……………………… 191
    10.3.3 Android 界面布局 …………………………… 195
    10.3.4 简单登录框的设计 …………………………… 201

第 2 篇 艺术设计创新

第 1 章 抠图技巧 …………………………………………… 207
  1.1 软件操作界面 ………………………………………… 207
    1.1.1 像素与分辨率的关系 ………………………… 208
    1.1.2 位图与矢量图 ………………………………… 208

1.2　抠图工具 ·· 209
　　　　1.2.1　蝴蝶案例 ·· 210
　　　　1.2.2　制作过程 ·· 211
　　　　1.2.3　照片更换背景 ·· 215
　　　　1.2.4　室内软装搭配 ·· 217

第2章　字体海报设计 ··· 223

　　2.1　参考素材 ·· 223
　　2.2　制作过程 ·· 223
　　　　2.2.1　底层制作（海报底色）······································· 223
　　　　2.2.2　添加字体 ·· 226
　　　　2.2.3　文字工具 ·· 228
　　　　2.2.4　制作简单字 ··· 228
　　　　2.2.5　制作艺术字 ··· 230
　　　　2.2.6　制作渐变字体 ·· 232
　　2.3　完成效果 ·· 233

第3章　跑步运动海报设计 ··· 235

　　3.1　参考素材 ·· 235
　　3.2　制作过程 ·· 236
　　　　3.2.1　制作背景 ·· 236
　　　　3.2.2　纸边效果 ·· 239
　　　　3.2.3　主题字效 ·· 243
　　　　3.2.4　文字排版 ·· 249
　　3.3　完成图 ··· 253

第4章　化妆品包装设计 ·· 255

　　4.1　包装的材料 ··· 255
　　4.2　制作过程 ·· 255
　　　　4.2.1　化妆品包装上部分制作 ····································· 255
　　　　4.2.2　化妆品包装中部分制作 ····································· 260
　　　　4.2.3　化妆品包装下部分制作 ····································· 263
　　　　4.2.4　调整与效果 ··· 266
　　4.3　完成图 ··· 269

第5章　茶叶盒外包装设计 ··· 270

　　5.1　参考素材 ·· 270
　　5.2　制作过程 ·· 271

		5.2.1 包装结构制作	271
		5.2.2 包装封面制作	271
		5.2.3 包装内部制作	273
		5.2.4 调整包装内容与完成制作	274

第 6 章 冰冻效果 ... 276

 6.1 参考素材 ... 276
 6.2 制作过程 ... 276
  6.2.1 选出手部范围 ... 276
  6.2.2 产生肌理 ... 279
  6.2.3 增加冰冻效果 ... 283
  6.2.4 使用 Camera Raw 调整颜色 ... 287
 6.3 完成效果 ... 290

第 7 章 烟雾效果 ... 291

 7.1 参考素材 ... 291
 7.2 制作过程 ... 291
  7.2.1 制作烟雾笔刷 ... 291
  7.2.2 人物处理 ... 294
  7.2.3 素材结合 ... 297
 7.3 烟雾和人脸合成效果图 ... 302

第 8 章 时空传送门 ... 303

 8.1 参考素材 ... 303
 8.2 制作过程 ... 303
  8.2.1 底层制作(云海) ... 303
  8.2.2 天空的调整 ... 306
  8.2.3 时光之门(将光圈与需要的照片进行融合) ... 307
  8.2.4 旅行者和船 ... 310
  8.2.5 星空和整体的修改 ... 314
  8.2.6 最终效果图 ... 316

参考文献 ... 318

第1篇
信息技术创新

第1章

基础实验常识

第1章 数据可视化实现

个人理财表格是家庭理财必不可少的一个工具,每天通过对个人理财表格的登入和记录,来提高自己的理财意识和专注度。做一个好的个人理财统计表格,能直观地反映自己的每日开销、月度开销和年度开销。

1.1 Excel 基本概念

Excel 是 Microsoft Office 套件的一个组成部分,是使用广泛的一款电子表格软件。直观的界面、出色的计算功能和图表工具,再加上成功的市场营销,使 Excel 成为最流行的个人计算机数据处理软件之一。

Word 中也有表格,但 Excel 表格与 Word 表格的最大不同在于 Excel 表格具有强大的数据运算和分析能力。Excel 中内置的公式和函数可以帮助用户进行复杂的计算。由于 Excel 在数据运算方面具有强大的功能,使它成为一款必不可少的常用办公软件。

Excel 最擅长的是数值计算,但其在非数值应用方面也表现良好。下面列举 Excel 的几个常见用途。

数据运算:建立预算、生成费用表、分析调查结果,并执行你可想到的任何类型的财务分析。

创建图表:创建各种可高度自定义的图表。

组织列表:使用"行-列"布局来高效地存储列表。

文本操作:整理和规范基于文本的数据。

访问其他数据:从多种数据源导入数据。

创建图形化仪表板:以简洁的形式汇总大量商业信息。

创建图形和图表:使用形状和 SmartArt 功能创建具有专业外观的图表。

自动执行复杂的任务:通过 Excel 的宏功能,只需要单击一下鼠标即可完成原本令人感到乏味冗长的任务。

1.2 单元格、工作表和工作簿

在 Excel 中,可在工作簿文件中执行各种操作,可以根据需要创建很多工作簿,每个工作簿显示在自己的窗口中。默认情况下,Excel 工作簿使用.xlsx 作为文件扩展名。

每个工作簿包含一个或多个工作表,每个工作表由一些单元格组成,每个单元格可包含数值、公式或文本。

工作表建立后,为了使表格更加美观和直观,常常需要设置表格的各种格式,例如,单元格格式、工作表格式、页面设置等,这些都称为工作表的格式化。

1. 单元格格式设置

单元格的格式包括数字、对齐、字体、边框、填充选项卡等。

"对齐"选项卡可设置单元格字符的文本对齐方式:

> 文本对齐方式:可分为水平对齐和垂直对齐。
> 文本控制:当单元格大小无法显示所有文本时,可通过文本控制实现文本的全部显示。
> 方向:实现文本纵向或横向显示。

"字体"选项卡:设置单元格字符的形体、大小、属性、颜色等。

"边框"选项卡:设置单元格或单元格区域的边框。

"填充"选项卡:设置单元格或单元格区域的颜色和图案。

"数字"选项卡:不同的应用场合,需要不同的数字格式。可设置的数字格式包括:数值、货币、日期、时间、百分比、分数、文本格式等,如表 1-1.1 所列。

表 1-1.1 对单元格中的数字进行格式设置

格 式	说 明
常规	输入数字时 Excel 所应用的默认数字格式。多数情况下,设置为"常规"格式的数字即以输入的方式显示。如果单元格的宽度不够显示整个数字,则"常规"格式将带有小数点的数字进行四舍五入。"常规"数字格式还对较大的数字(12 位或更多)使用科学计数(指数)表示法
数值	用于数字的一般表示。可以指定要使用的小数位数、是否使用千位分隔符以及如何显示负数
货币	用于一般货币值并显示带有数字的默认货币符号。可以指定要使用的小数位数、是否使用千位分隔符以及如何显示负数
会计专用	也用于货币值,但是它会在一列中对齐货币符号和数字的小数点
日期	根据指定的类型和区域设置(国家/地区),将日期和时间序列号显示为日期值
时间	根据指定的类型和区域设置(国家/地区),将日期和时间序列号显示为时间值
百分比	将单元格值乘以 100,并将结果与百分号(%)一同显示。可以指定要使用的小数位数
分数	根据所指定的分数类型以分数形式显示数字
科学记数	以指数计数法显示数字,将其中一部分数字用 E+n 代替,其中,E(代表指数)指将前面的数字乘以 10 的 n 次幂。例如,2 位小数的"科学记数"格式将 12345678901 显示为 1.23E+10,即用 1.23 乘以 10 的 10 次幂。可以指定要使用的小数位数

续表 1-1.1

格式	说明
文本	将单元格的内容视为文本,并在输入时准确显示内容,即使输入数字也是如此
特殊	将数字显示为邮政编码、电话号码或社会保险号码
自定义	允许修改现有数字格式代码的副本

2. 调整列宽、行高和隐藏列、行

可以手动调整列宽或行高,或者自动调整列和行的大小以适应数据。

注意:边界是指单元格、列和行之间的线。如果列太窄而无法显示数据,单元格中将显示:＃＃＃。

(1) 调整行的大小
- 选择一行或某一区域中的行;
- 在"开始"选项卡上的"单元格"组中,选择设置"行-格式";
- 输入行高并选择"确定"。

(2) 调整列的大小
- 选择一列或某一区域中的列;
- 在"开始"选项卡上的"单元格"组中,选择"列-格式";
- 输入列宽并选择"确定"。

(3) 自动调整所有列或行的大小以适应数据
- 选择工作表顶部的全选按钮,选择所有列和行;
- 双击边界,所有列或行都会调整成适应数据的大小。

3. 自动套用表格格式

Excel 提供了许多可用于快速设置表格格式的预定义表格样式。
- 选择数据中的一个单元格;
- 选择"开始"→"样式"→"套用表格格式";
- 选择表格样式;
- 单击想要使用的表格样式,如图 1-1.1 所示。

4. 应用条件格式

使用条件格式可以帮助你直观地查看和分析数据、发现关键问题以及识别模式和趋势。采用条件格式易于达到以下效果:突出显示所关注的单元格或单元格区域;强调异常值;使用数据栏、色阶和图标集(与数据中的特定变体对应)直观地显示数据。

突出显示单元格规则:对规定区域的数据进行特定的格式设置。这种规则比较常用。

清除条件格式:选择"条件格式"下拉列表中的"清除规则"选项,再在其展开的子列表中选择"清除所有单元格的规则"或"清除整个工作表的规则"命令。

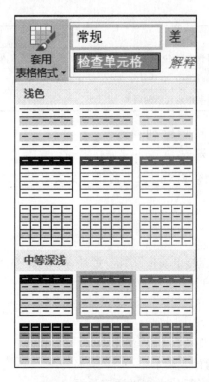

图1-1.1　套用表格格式

例如,使用条件格式将各个城市的高温数据用月份记录下来,并以直观的方式进行显示,即将颜色与值相对应,较热的值为橙色/红色,而较冷的值则为黄色/绿色,如图1-1.2所示。

	A	B	C	D	E	F	G
1	城市	一月	二月	三月	四月	五月	六月
2	巴斯托	80	84	84	97	95	98
3	加利福尼亚城	78	86	84	96	98	102
4	辛科	83	86	86	97	95	103
5	斯皮里亚	78	85	87	98	97	102
6	兰卡斯特	78	85	86	99	95	101
7	莫哈维	82	85	86	98	96	99
8	帕姆代尔	81	84	85	97	95	101
9	里奇克莱斯特	81	87	87	97	96	98
10	罗莎蒙德	82	86	88	99	97	101
11	圣克拉里塔	79	85	87	95	96	103

图1-1.2　应用条件格式

1.3 公式计算与函数计算

公式是等式,可用于执行计算、返回信息、处理其他单元格内容、测试条件等操作。

1.3.1 公式与函数的多表间引用

1. 创建公式

所谓公式,类似于数学中的表达式,公式以等号(=)开始,由常数、单元格或区域的引用、函数和运算符组成。

可以在编辑栏或单元格中输入公式,单元格的公式可以像其他数据一样进行编辑,包括修改、复制、移动等操作。

2. 单元格引用

相对引用:当把一个含有单元格名称的公式复制到一个新的位置后,公式中的单元格名称随之做相应的变化,例如,C3。

绝对引用:复制公式后,单元格引用保持不变,即引用始终是同一个单元格,例如,＄C＄3。

混合引用:是在单元格引用的地址中,行用相对引用,列用绝对引用;或行用绝对引用,列用相对引用,例如,＄C3 或 C＄3。

3. 运算符

算数运算符有:加(＋)、减(－)、乘(＊)、除(/)、乘幂(^)、百分数(%)。

比较运算符有:相等(＝)、不等(＜＞)、小于(＜)、大于(＞)、小于或等于(＜＝)、大于或等于(＞＝)。

文本运算符有:文字连接(&)。

引用运算符有:区域运算符(:),联合运算符(,)和空格运算符( )。

4. 插入函数

Excel 函数由函数名及参数组成,其形式如下:

函数名(参数 1,参数 2,……)

其中,函数名指明了是何种运算,参数指出了使用该函数时所需的数据,参数可以是数字、文本、逻辑值、数单元格或区域名称,也可以是又一个函数。如:"＝SUM(B1:B8)",SUM 是函数名,说明函数要执行求和运算,区域"B1:B8"是一个参数。

1.3.2 函　数

Excel 提供了丰富的函数功能,包括常用函数、财务函数、时间与日期函数、统计函数、查找与引用函数等,帮助用户进行复杂与烦琐的计算或处理工作,如表 1-1.2～表 1-1.5 所列。

表 1－1.2　常用的函数

函　数	意　义	举　例
ABS	返回指定数值的绝对值	ABS(－8)＝8
INT	求数值型数据的整数部分	INT(3.6)＝3
ROUND	按指定的位数对数值进行四舍五入	ROUND(12.3456,2)＝12.35
SIGN	返回指定数值的符号,正数返回1,负数返回－1	SIGN(－5)＝－1
PRODUCT	计算所有参数的乘积	PRODUCT(1.5,2)＝3
SUM	对指定单元格区域中的单元格求和	SUM(E2：G2)＝233
SUMIF	按指定条件对若干单元格求和	＝SUMIF(G2：G11,"＞＝80")＝410

表 1－1.3　常用数学函数

函　数	意　义	举　例
AVERAGE	计算参数的算术平均值	AVERAGE(E2：G2)＝77.7
COUNT	对指定单元格区域内的数字单元格计数	COUNT(F2：F11)＝10
COUNTA	对指定单元格区域内的非空单元格计数	COUNTA(B2：B31)＝30
COUNTIF	计算某个区域中满足条件的单元格数目	COUNTIF(G2：G11,"＜60")＝1
MAX	对指定单元格区域中的单元格取最大值	MAX(G2：G31)＝94
MIN	对指定单元格区域中的单元格取最小值	MIN(G2：FG31)＝55
RANK.EQ	返回一个数字在数字列表中的排位	RANK.EQ(I2,I2：I31)＝7

表 1－1.4　常用文本函数

函　数	意　义	举　例
LEFT	返回指定字符串左边的指定长度的子字符串	LEFT(D2,2)＝数学
LEN	返回文本字符串的字符个数	LEN(D2)＝5
MID	从字符串中的指定位置起返回指定长度的子字符串	MID(D2,1,2)＝数学
RIGHT	返回指定字符串右边的指定长度的子字符串	RIGHT(D2,3)＝091
TRIM	去除指定字符串的首尾空格	TRIM(" HelloSunny ")＝HelloSunny

表 1－1.5　常用日期和时间函数

函　数	意　义	举　例
DATE	生成日期	DATE(92,11,4)＝1992/11/4
DAY	获取日期的天数	DAY(DATE(92,11,4))＝4
MONTH	获取日期的月份	MONTH(DATE(92,11,4))＝11
NOW	获取系统的日期和时间	NOW()＝2013/12/1110:25
TIME	返回代表指定时间的序列数	TIME(11,23,56)＝11:23AM
TODAY	获取系统日期	TODAY()＝2013/12/11
YEAR	获取日期的年份	YEAR(DATE(92,11,4))＝1992

1.4　图表分析

图表简单易懂,能满足简单的数据分析需求,具体包括趋势、频数、比重、表格等类型。图表数据分析的前提就是将自己需要呈现的指标,以一定的维度拆分,在坐标系中以可视化的方式呈现出来。通过图表的创建和编辑,可以直观展示数据所包含的内容,图表的基本结构包括以下内容。

- 图表区:图表工作的区域,图表的所有组成元素都放在此区域中。
- 绘图区:绘制数据图形的区域,包括坐标轴和数据系列。
- 坐标轴:位于图形区边缘的直线,为图表提供计量和比较的参照框架。
- 数据系列:在图表中用于表示一组数据的图形,每一数据系列的图形用特定的颜色和图案表示,数据来源于工作表中的一行或一列。
- 标题:有图表标题、坐标轴标题等。
- 图例:用于区分图表中为数据系列和分类所指定的图案或颜色。

图表的基本结构,如图 1-1.3 所示。

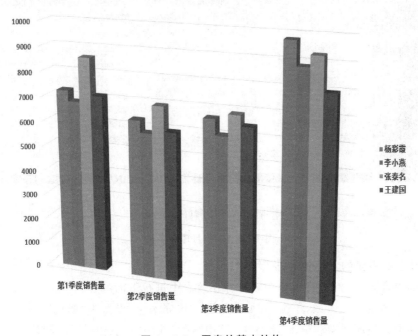

图 1-1.3　图表的基本结构

1.5 综合案例：个人理财表格的设计开发

个人理财表格主要包括两部分：一是单月理财表格制作，完成每个月具体的收支账目；二是个人理财表格汇总制作，完成全年账目的汇总。

1.5.1 单月理财表格制作

单月理财表格需要分别设计1月到12月表格的内容，需要注意表格之间项目的相互关联，比如2月的"我的钱包"中的"上月结余"等于1月"我的钱包"中的"当前余额"。单月理财表格的设计，如图1-1.4所示。

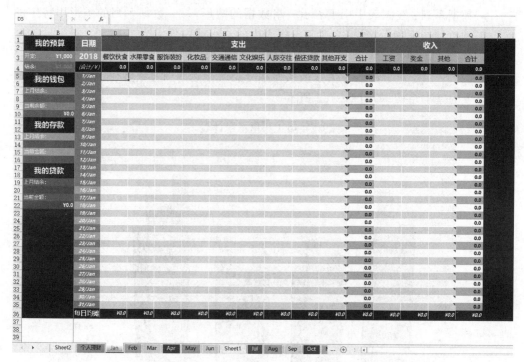

图1-1.4 单月理财表格

单月理财表格的具体制作步骤如下：

➤ 选中表Sheet2，重命名为"Jan"，并在该表中进行下面的操作。

➤ 选中A1:T35区域，单击"开始菜单"中"填充颜色"设置为"黑色"。

➤ 选中A1:B2区域，单击"开始菜单"中"合并并居中"按钮，按照同样方法，分别合并C1:C2,D1:M2,N1:Q2区域；并依次在以上4个区域中添加文字"我的预算""日期""支出""收入"，设置文字字体为"微软雅黑""14号""加粗""白色"；4个区域的填充颜色分别设置为"黑色""橙色，着色2，深色50%""紫色""蓝色"。

- 分别在 A3 和 A4 单元格中输入"开支:""结余:",字体设置为"微软雅黑,10 号,白色",分别在 B3 和 B4 单元格中输入"1000",字体设置为"微软雅黑,10 号,白色,加粗",设置单元格格式,选择"货币",小数位数"0",负数格式 2"。设置 A3:B3 区域填充颜色为较浅的"橙色",A4:B4 区域填充颜色为较深的"橙色"。
- 按照类似方法,合并 A5:B6 区域,添加"我的钱包",合并 A7:B7 区域,添加"上月结余:",合并 A8:B8 区域,合并 A9:B9 区域,添加"当前余额:",并分别设置不同的填充颜色,与"我的存款""我的贷款"部分方法类似。
- 选中 C3:Q34 区域,在"开始选项卡"中设置"填充颜色"为"无填充颜色",设置"套用表格格式"为"表样式中等深浅 24";选中 C3:Q3 自动生成的表头区域,在"表格工具-设计"选项卡中,选择"转换为区域";C3:Q3 区域依次输入"=YEAR(TODAY())""餐饮伙食""水果零食"……"合计"等文字,并设置字体为"微软雅黑,黑色,12 号",按照所属"日期""支出""收入"分类设置不同填充颜色。
- 将 C4:Q4 区域的"填充颜色"设置为"黑色";C4 单元格填入"(合计/¥)";C5 单元格填入"2021/6/1",并设置"单元格格式"为"自定义:d/mmm;-;-;@",自动填充生成 C6:C34。
- 选中 A5:Q35 区域,在"视图"选项卡中选择"拆分",并单击"冻结窗口"下的"冻结拆分窗口"。
- 在 D4 单元格中输入公式"=SUM(D5:D34)",利用自动填充生成 E4:Q4 区域;在 D35 单元格中输入公式"=SUM(D5:D34)/COUNT(C5:C34)",利用自动填充生成 D35:Q35 区域;在 M5 单元格中输入公式"=SUM(D5:L5)",利用自动填充生成 M6:M34 区域;在 Q5 单元格中输入公式"=SUM(N5:P5)",利用自动填充生成 Q6:Q34 区域。
- 在 B3 单元格中输入"1000",设置单元格格式为"货币,小数位数 0,负数格式 2";新建条件规则"只为包含以下内容的单元格设置格式""单元格值小于=M4",设置格式为"红色,加粗,添加删除线"。
- 在 B4 单元格中输入"1000",设置单元格格式为"货币,小数位数 0,负数格式 2";新建条件规则"只为包含以下内容的单元格设置格式""单元格值大于=SUM(Q4,-M4)",设置格式为"灰色,加粗,添加删除线"。
- 在 B8 单元格中添加"=SUM(May!A10)",在 B10 单元格中添加"=SUM(Q4,-M4,A8,-A16,A14)",在 B14 单元格中添加"=SUM(May!A16)",在 B20 单元格中添加"=SUM(May!A22)",在 B22 单元格中添加"=SUM(A20,-K4)"。
- 在表 Jan 上右击,选择"移动或复制",勾选"建立副本",分别建立其他 11 个月的副本,之后修改"月份日期""上月结余"等内容即可。

1.5.2 个人理财表格汇总制作

个人理财表格汇总制作,完成全年账目的汇总。需要注意汇总表里的数据来自每个月表格的汇总。个人理财表格汇总的设计,如图1-1.5所示。

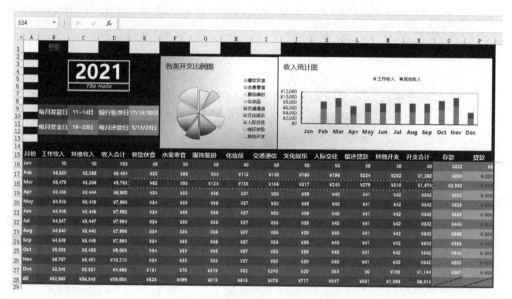

图1-1.5 个人理财表格汇总

个人理财表格的具体制作步骤如下:

- 将表Sheet1重命名为"个人理财",并在该表中进行下面的操作。
- 将A1:P15区域的"填充颜色"设置为"黑色",并如图1-1.5所示在相应位置选择合适的字体格式并添加以下内容:C3:D5填"=YEAR(TODAY())",C6:D6填"TRo Holic",B9:B10填"每月发薪日",C9:C10填"11~14日",D9:D10填"银行账单日",E9:E10填"17/19/30日",B11:B12填"每月奖金日",C11:C12填"19~23日",D11:D12填"每月还款日",E11:E12填"5/13/25日",B15:P15区域依次填入"月份""工作收入"等。
- 选中A16:A28区域,新建"条件格式",选择"使用公式确定要设置格式的单元格",编辑规则为"=mod(row(),2)=1",设置格式为"浅蓝色";新建"条件格式",选择"使用公式确定要设置格式的单元格",编辑规则为"=mod(row(),2)=0",设置格式为"蓝色"。
- 如图1-1.5所示,分别设置A16:A28、E16:N28、O16:O28、P16:P28区域的条件规则。
- 选中A16单元格,右击选择"超链接",选择链接到"本文档中的位置",指向"Jan",单击确定后,单元格样式选择"常规"。同理分别设置A17:A27区域的单元格。

- 在 B16 单元格中输入"＝SUM(Jan！N4,Jan！O4)",在 C16 单元格中输入"＝SUM(Jan！P4)",在 D16 单元格中输入"＝SUM(B16：C16)",在 E16 单元格中输入"＝SUM(Jan！D4)",自动填充生成 F16:N16,在 O16 单元格中输入"＝SUM(Jan！A16)",在 P16 单元格中输入"＝SUM(Jan！A22)"。
- 用同样的方法依次输入"Feb"～"Dec"相应内容(注意公式中涉及"月份"的地方,需要替换成对应的"月份")。
- 在 A28 单元格中输入"ALL",在 B28 单元格中输入"＝SUM(B16:B27)",自动填充生成 C28:P28。
- 选中 E15:M28 区域,插入"饼图",选择"图标工具-设计"选项卡下"选择数据"→"切换行/列",删除"图例项(系列)"中的"系列 1-系列 12",单击"确定"。
- 将生成的饼图调整合适的大小,移动到 F3 单元格处,选择"图标工具-设计"选项卡下"添加图标元素",将"图例"位置设置为在"右侧",选择"图标工具-格式"选项卡,调整合适的填充颜色和字体等。
- 选中 A16:C27 区域,插入"柱形图",将生成的柱形图调整合适的大小,移动到 J3 单元格处,更改图表标题为"收入统计图",图例位置设置为"顶部",设置合适的图标样式等,即可完成个人理财表格汇总的设计。

第 2 章　数据的自动化获取

Excel VBA 是依附于 Excel 框架内的编程语言，独立于 VB，可以解决日常工作需要用 Excel 解决的问题。通过 Excel 表进行问卷调查，采用 VBA 编程进行数据的自动获取，可以快速得到结果。

2.1　认识宏

2.1.1　宏的基本概念

宏是一系列操作的组合，是指程序员事先定义的特定的一组"指令"，这样的指令是一组重复出现的代码的缩写，此后在宏指令出现的地方，系统总是自动地把它们替换成相应定义的操作或者代码块。

2.1.2　Excel VBA 中的宏

宏是 Excel VBA 的基础。

在日常办公过程中，经常会使用 Excel 进行编制表格、统计数据等操作。每一种操作都可以称为一个过程，然而在执行这些过程时，经常会进行许多重复的操作，如统计日报表、录入相同的数据信息等。这不仅浪费了大量的时间，而且还大大降低了工作人员的工作效率。

在 Excel 中，通过宏可以自动执行这些重复的操作，有效地帮助办公人员自动完成某些重复的工作。

宏是被存储在 Visual Basic 模块中的一系列命令和函数。在需要执行宏时，宏可以立刻被执行，简单地说，宏就是一组动作的组合。

在 Excel 中，用户经常需要频繁或重复录入某些固定的内容，如录入公司员工姓名、联系方式、联系地址等内容。如果通过宏，就可以把每步录入的操作和某些特定的操作记录下来，然后将其绑定到某个按钮上，这样，用户只需通过单击该按钮运行宏，就可以自动完成这些重复性的操作，从而提高了操作人员的工作效率，同时也节省了大量的时间。

宏使用起来比较方便、灵活。用户不必为某一特殊的任务而去创建模板，只需在工具栏中单击相应的按钮即可。同时，宏还可以针对不同的情况将执行的命令进行任意组合，从而快速、准确地完成所需要的各项工作。

2.2 宏的制作

2.2.1 制作宏的方法

在 Excel 中,制作宏主要有两种不同的方法:录制宏和编写宏。
Excel 中所有的宏都是采用这两种方法中的任意一种来实现的。

1. 录制宏

录制宏是指通过录制的方法将对 Excel 的操作过程以代码的方式记录并保存下来,也就是说宏的代码可以通过录制的方法自动产生。

录制宏就像用录像机把用户所做的工作录制下来,当再次执行时,只需回放即可。录制宏操作简单、方便易学,因此,完全不懂 Excel VBA 编程的用户也可以创建自己的 VBA 模块,创建为自己工作服务的宏。在 Excel 中,大部分的操作都可以通过录制宏的方法得到操作的宏代码。

2. 编写宏

编写宏是指在 VBE(Visual Basic Editor)开发环境中直接输入操作过程的程序代码,程序代码就是通常所说的 VBA 程序代码。直接输入操作过程的程序代码与通过录制宏实现的程序代码执行的结果相同。

2.2.2 宏的录制与维护

录制宏、编辑宏和删除宏是关于宏的 3 种基础操作。

1. 添加开发工具选项卡

在 Excel 的工作表中可以添加按钮或文本框等控件。这些控件都被放置在 Excel 的"开发工具"选项卡中。在默认的情况下,"开发工具"选项卡隐藏在 Excel 环境中,如果想使用,则需要从"Excel 选项"中进行添加。

添加"开发工具"选项卡的具体操作步骤如图 1-2.1 所示。

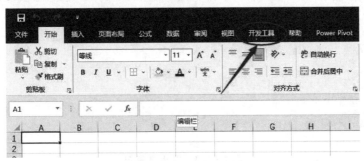

图 1-2.1 "开发工具"选项卡

2. 录制宏

在 Excel 环境中添加了"开发工具"选项卡之后,通过该选项卡中的"录制宏"按钮,即可实现录制宏的操作。

下面讲解录制宏的操作过程,具体实现的操作步骤如图 1-2.2 和图 1-2.3 所示。

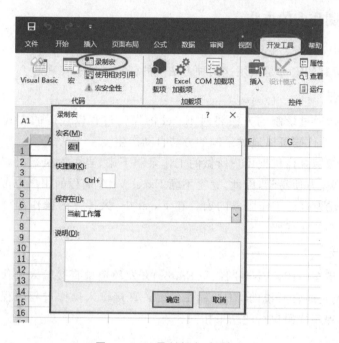

图 1-2.2　录制新宏对话框

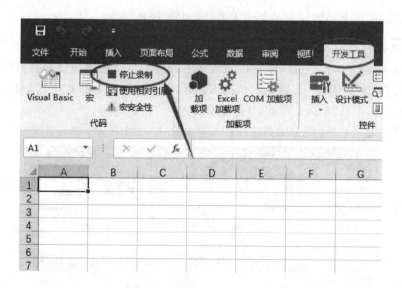

图 1-2.3　停止录制宏

3. 编辑与删除宏

如果对录制的宏不满意,还可以对其进行编辑或将其删除。编辑和删除宏操作是通过"宏"对话框来实现的,编辑宏通常情况下是指修改宏操作中的 VBA 程序代码,对于非 Excel VBA 编程人员来说,改写 VBA 程序代码可能会很困难。但这也没有关系,如果不懂程序代码,可以将宏删除,然后再按照正确的操作重新录制一遍即可。

4. 保存带宏的工作簿

在 Excel 中,如果创建的工作簿带有宏,则保存该工作簿时的操作与保存不带宏工作簿的操作有一定的区别,如何保存带宏的工作簿的说明,如图 1-2.4 所示。

图 1-2.4 保存带宏的工作簿

2.2.3 执行宏

1. 通过快捷键执行宏

在前面讲解的录制宏操作的过程中,在"宏"对话框中有一个"快捷键"选项,用户可在其文本框中为所录制的宏输入一个快捷键,即在文本框中输入一个字母,可用 Ctrl+字母(小写字母)的形式,如给"按钮_单击"宏设置快捷键"Ctrl+w",如图 1-2.5 所示。输入的字母可以是键盘上的任意字母键,但不可以是数值或其他一些特殊字符(例如,¥或♯等)。

当宏被设置了快捷键之后,在 Excel 的工作表中,当按下 Ctrl+字母(小写字母)键(如 Ctrl+w)时即可执行所录制的宏操作,执行效果与在"宏"对话框中单击"执行"按钮执行宏操作的效果相同。

如果想更改宏的快捷键或者对没有设置快捷键的宏设置快捷键,则可以在"宏"对话框中选择要修改或设置快捷键宏的名称,然后单击"选项"按钮,在随后弹出的"宏选项"对话框中修改快捷键或者重新设置快捷键,如图 1-2.6 所示。

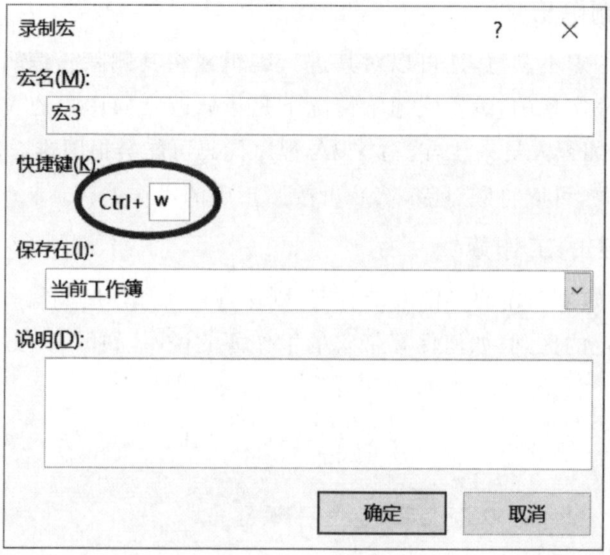

图1-2.5 给宏设置快捷键

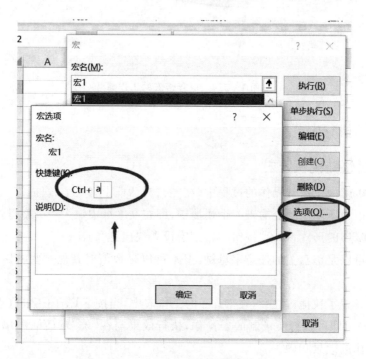

图1-2.6 修改宏的快捷键

2. 通过窗体按钮执行宏

在 Excel 环境中选中相应的单元格,单击"开发工具"选项卡之后,通过该选项卡中的"插入"按钮,单击"表单控件"选项组当中的"窗体"按钮,给按钮指定相应的宏命令,修改按钮名称,单击按钮即可实现录制宏的操作,如图1-2.7和图1-2.8所示。

图1-2.7 控件工具图

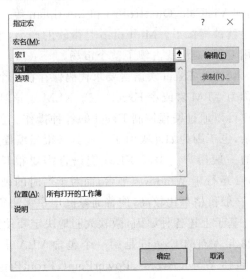

图1-2.8 选择按钮相应的宏操作

2.3 VBA 概述

2.3.1 VBA 的概念

VBA 是 Visual Basic for Application 的缩写,在 Office 系列办公软件中,VBA 又分为 Excel VBA 语言、Word VBA 语言以及 PowerPoint VBA 语言等。VBA 是用 Visual Basic(简称 VB)来开发应用程序的一种语言,而 Excel VBA 则偏重于面向 Excel 对象进行编程,也就是说 Excel VBA 是通过用代码编写的命令和使用过程来操作工作表或单元格等对象,进而在 Excel 中完成自动化操作的相关设置。可将 Excel VBA 看作是 VB 的一个分支,VBA 继承了 VB 很大一部分编程方法。VB 中的语法结构、变量的声明以及函数的使用等内容,在 VBA 中同样可以正常使用。

在 20 世纪 90 年代早期,关于应用程序自动化的问题仍是充满挑战性的领域。当时,对不同应用程序的自动化,人们都不得不学习不同的自动化语言。例如,自动化 Excel 需要调用 Excel 的宏语言,而自动 Word 又必须使用 WordBasic 等。于是,微软决定开发出一款应用程序共享一种通用的自动化语言——这就是 VBA。这样,对于微软所有的应用程序,都可以通过 VBA 来使其自动化。

2.3.2 VBA 的历史

早在 1985 年,Excel 就被用在苹果的 Macintosh 电脑(Mac 系统)上,于 1987 年被

移植到其他 PC(Windows 系统)中。在 PC 时代之前,曾经有过很多成功的工作表软件,如 VisiCalc、QuattroPro 和 Multiplan 等。VisiCalc 是最早的工作表软件产品,但是很早就被淘汰了。Multiplan 是微软的产品,也是 Excel 的前身,由于其功能强大并且使用方便,很快就占领了整个市场。

最初的 Excel 宏语言要求代码保存在一个后缀为.xlm 的单独文件中,因此后来也被称为 XLM 宏或者 Excel4 宏。XLM 宏语言包括函数调用以及上百个内建函数,使用户可以通过编程控制 Excel 的各种操作。但是,一方面,XLM 宏语言在使用上相当复杂,也正因为如此吸引了一些具备很强编程能力的人创建复杂的程序,但却远离了广大的一般用户。学习 XLM 宏语言需要很长的一个过程。另一方面,最初的 PC 版 Excel 运行于 Windows 平台,而对于当时的硬件水平来说,能够运行 Windows 系统的 PC 一般价格都比较高,使普通家庭用户无法负担,这也是阻碍 VBA 发展的一大原因。

基于上述各种原因,微软大胆地决定要使用 VBA 整合所有 Office 产品的宏语言。1993 年发布的 Excel5 是第一个包含 VBA 语言的产品。随后,其他的 Office 系列产品,包括 Word、Access、PowerPoint、FrontPage、Visio、Project 和 Outlook 全部都采用了 VBA 作为宏语言。

2.3.3　VBA 的工作原理

VBA 是 Office 对象和 VBA 程序代码之间相互关联和交流的桥梁。VBA 代码是用 VB 语言来编写的,其变量定义及语法结果与 VB 语言完成相同,当使用 VBA 代码来调用 Office 对象时,需要有 VBA 程序接口,而这种调用是通过对象模型自动化实现的。

VBA 的主要任务是通过编写程序代码来操作 Office 对象,从而完成特定的任务操作。当使用 VBA 代码调用 Excel 的某个属性时,如果在 VBE 环境中解释执行 VBA 代码时,发现有对 Excel 这个属性的调用,则就自动通过对象模型调用该属性,然后通过编写函数操作该属性,这样就实现了 VBA 代码和 Office 对象之间的通信连接。

VBA 的工作原理如图 1-2.9 所示。

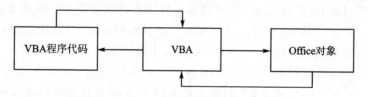

图 1-2.9　VBA 的工作原理示意图

2.3.4　VBA 与 VB

VBA 的程序代码是用 VB 语言编写的,其语法结构与变量定义方式与 VB 完全相同。但是,VBA 与 VB 之间还是有一定的区别,本小节将主要讲解 VBA 和 VB 之间的一些区别,然后讲解安装 VBA 环境和帮助文档方面的相关知识。

VBA 与 VB 之间是紧密相关的,VBA 是 VB 的一个分支,也可以将 VBA 理解为"寄生在 Office 产品中的 Visual Basic"。然而,很多用户总是混淆 VB 和 VBA 的概念。实际上,VBA 和 VB 之间存在着一定的区别,具体的内容包括以下几个方面:

① 设计目的不一样。VB 用于设计创建标准的应用程序,而 VBA 则是使已有的应用程序(Excel 等)自动化。

② 开发环境不同。VB 具有自己的开发环境,而 VBA 必须寄生于已有的应用程序(如 Excel 等)当中。

③ 编译执行文件不同。VB 执行文件的扩展名为.exe。VB 由于内含编译器,因此可制作可执行文件;VBA 则由于内含于 Office 系列各软件内,且不提供编译器,故 VBA 程序只可依附于各软件来执行,无法制作可执行文件。

④ 运行方式不同。要运行 VB 开发的应用程序,用户不必安装 VB,因为 VB 开发出的应用程序是可执行文件,而 VBA 开发的程序必须依赖于它的"父"应用程序。

⑤ 可用的资源不同。对于程序内可引用的资源,包括对象、函数等,VB 在此方面的资源要比 VBA 多很多。从专业的角度来看,VB 是较专业的程序设计语言,而 VBA 的目的则是强化 Office 应用系统,故在可用资源方面,VBA 不及 VB。

2.3.5　VBA 编辑器

Visual Basic 编辑器(VBE)是一个集成的开发环境,是查看、编辑、调试 VBA 程序的重要工具,熟悉和掌握 VBE 对于提高代码编写的速度,以及调试程序、迅速排除错误有着很重要的帮助,VBA 编辑器界面如图 1-2.10 所示。

图 1-2.10　VBA 编辑器

2.3.6 VBA 语法

1. Do…Loop 语句

可以使用 Do…Loop 语句运行语句的块,而它所用掉的时间是不确定的。当条件为 True 时或直到条件变成 True 之前,此语句会一直重复。

2. If…Then…Else 语句

根据条件的值,可使用 If…Then…Else 语句运行指定的语句或一个语句块。If…Then…Else 语句可根据需要嵌套多级。然而,为了可读性可能会使用 SelectCase 语句而不使用多嵌套级的 If…Then…Else 语句。

3. 对象、属性、方法和事件

对象代表应用程序中的元素,比如,工作表、单元格、图表、窗体。在 Visual Basic 的代码中,在使用对象的任一方法或改变它的属性之一的值之前,必须去识别对象。常见的对象和相关属性、方法如下:

(1) Application 当前应用程序对象

WorksheetFunction 属性:可以从代码中访问任何内置的工作表函数。

ActiveWorkbook 属性:返回指向活动工作簿的对象。

ActiveSheet 属性:返回指向活动工作表的对象。

Selection 属性:返回一个对当前选定单元格区域的引用。

ThisWorkbook 属性:在任何时候返回对包含代码的工作簿的引用。

(2) Workbook 工作簿对象

Add 方法:添加新的工作表。

Count 属性:返回工作簿中的工作表数。

Name 属性:命名工作表。

Activate 方法:选择并显示一个工作表。

Move 方法:移动工作表的位置。

Delete 方法:从工作簿中删除工作表。

(3) Worksheet 工作表对象

Value 属性:设置单元格中的数值。

Formula 属性:将指定的公式放入单元格区域。

Rows 和 Columns 属性:返回工作表中一个完整的行或列。

Range 属性:对一个相邻或不相邻的单元格区域返回一个 Range 对象。

Cells 属性:获得对单个单元格的引用。

2.4 下拉菜单

在应用 Excel 时,有时需要用户从特定数据中进行选择,而不是自己填写,这样,一方面有利于数据的准确性,另一方面有利于用户快捷输入。

【例2.1】为性别列表添加下拉菜单,选项为"男,女"两个选项。

首先,选中相应的单元格,单击"数据"选项卡上的"数据验证",如图1-2.11所示,在"数据验证"对话框中的"设置"选项卡中,在"允许"下拉列表框中选择"序列",在"来源"下拉列表框中选择"男,女",如图1-2.12所示,注意逗号是在英文半角状态下输入的,效果如图1-2.13所示。

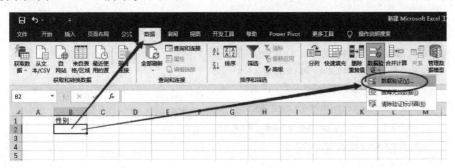

图1-2.11 数据验证

图1-2.12 设置下拉菜单验证条件

图1-2.13 添加下拉菜单结果图

2.5 综合实例：调查问卷数据的自动汇总

要求：制作一份电子调查问卷，并将调查问卷的结果进行汇总分析。
首先，用Excel制作一份问卷调查表，如图1-2.14所示。

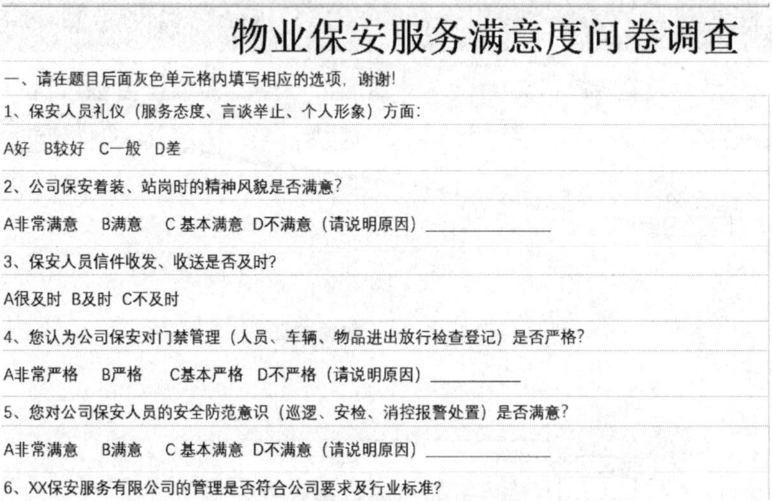

图1-2.14 录入问卷调查表

设置下拉菜单选择答案。使用数据验证，注意"A,B,C,D"中间的逗号是在英文半角状态下输入的，如图1-2.15所示。

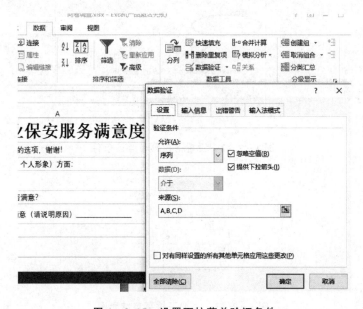

图1-2.15 设置下拉菜单验证条件

设计数据链接,为方便后期数据汇总,我们把每题答案汇总到第 21 行,如图 1-2.16 所示。

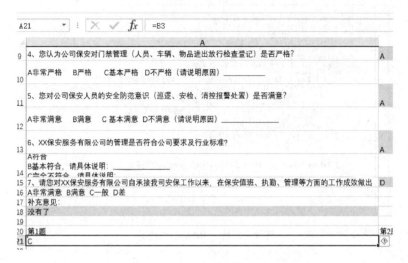

图 1-2.16　单份调查问卷答案汇总

保存问卷调查表,注意回收后期提交调查结果。接下来通过 VBA 编程自动对问卷调查表进行数据汇总。

新建一个 Excel 文档,保存类型为 Excel 启用宏的工作簿,右击工作表名,选择"查看代码",如图 1-2.17 所示。

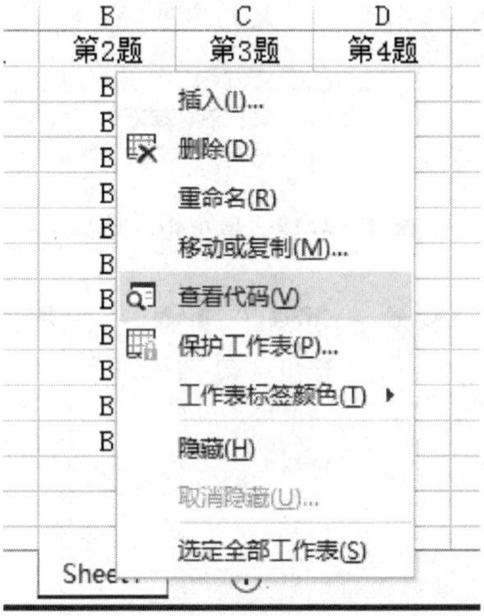

图 1-2.17　查看 VBA 代码

选择"插入"→"模块",并在模块上输入具有汇总功能的代码,如图 1-2.18 所示。
选中按钮,然后右击,选择指定宏,如图 1-2.19 所示。
单击"汇总请点我"按钮运行宏,最终自动汇总表,如图 1-2.20 所示。

```
Sub huizong
    Dim bt As Range, r As Long, c As Long
    r = 1        '1 是表头的行数
    c = 8        '8 是表头的列数
    Range(Cells(r + 1, "A"), Cells(65536, c)).ClearContents    '清除汇总表中原表数据
    Application.ScreenUpdating = False
    Dim FileName As String, wb As Workbook, Erow As Long, fn As String, arr As Variant
    FileName = Dir(ThisWorkbook.Path & "\*.xlsx")
    Do While FileName <> ""
        If FileName <> ThisWorkbook.Name Then    '判断文件是否是本工作簿
            Erow = Range("A1").CurrentRegion.Rows.Count + 1    '取得汇总表中第一条空行行号
            fn = ThisWorkbook.Path & "\" & FileName
            Set wb = GetObject(fn)    '将fn 代表的工作簿对象赋给变量
            Set sht = wb.Worksheets(1)    '汇总的是第1 张工作表
            '将数据表中的记录保存在arr 数组里
            arr = sht.Range("A21:H21")
            '将数组arr 中的数据写入工作表
            Cells(Erow, "A").Resize(UBound(arr, 1), UBound(arr, 2)) = arr
            wb.Close False
        End If
        FileName = Dir    '用Dir 函数取得其他文件名,并赋给变量
    Loop
    Application.ScreenUpdating = True
End Sub
```

图 1-2.18　VBA 汇总代码

图 1-2.19　指定相应的宏

第1题	第2题	第3题	第4题	第5题	第6题	第7题	第8题	汇总请点我
A	B	A	A	A	A	B	无	
A	B	A	A	A	A	B	无	
A	B	A	A	A	A	B	无	
A	B	A	A	A	A	B	无	
A	B	A	A	A	A	B	无	
A	B	A	A	A	A	B	无	
A	B	A	A	A	A	B	无	
A	B	A	A	A	A	B	无	
A	B	A	A	A	A	B	无	

图 1-2.20　调查问卷汇总表实现效果图

第3章 云端自动化办公的设计与实现

目前,许多公司虽然已经使用电脑办公,但仍然停留在较低水平,各种工作审批、工作流转办理仍然采用传统纸质方式,没有充分发挥数字化的优势,也没有统一的信息交流和协同工作平台,信息传递速度慢、不统一,办公效率低下。

云端办公自动化是将现代化办公和计算机网络功能结合起来的一种新型办公方式。在云端办公自动化的工作流系统中,各种文件、申请、单据的审批、签字、盖章等工作都可在网络上进行,节省了大量时间,同时由于系统设定的工作流程是可以变更的,因此能够随时根据企业自身的实际情况来设计出个性化的流程,一些弹性较大的工作也可以井然有序地进行。

3.1 为什么要使用云端办公自动化

传统的办公方式存在很多问题,比如企业内部的文件流转仍然采用纸质方式,传递缓慢效率低下;领导经常出差在外,文件流转、工作审批困难,文件待批造成管理效率低下,管理行为滞后;文件存档麻烦,事后查阅困难;无法跟踪进展情况;办公流程不透明,职员和部门主管的职责不够明确,例如有的职员拿到文件不知道该找谁签字或审批,很多事项不能按规则办理;纸张消耗大,如各种打印,传真纸的大量消耗,办公开支大,管理费用高。

采用云端办公自动化可以提高工作效率,最大限度地发挥信息流的应用价值,提高工作流效益,满足企业信息化办公的协同需求。

3.1.1 云端办公自动化简介

云端办公自动化目前还没有完全统一的定义,凡是在传统的办公系统中采用计算机网络或智能化终端从事办公业务,进而实现多人一起协同办公,或者说实现数字化办公的自动化系统,以及可以优化现有的管理组织结构、调整管理体制、提高办公效率、提高决策效能的办公自动化系统,都可以被称为云端办公自动化。云端办公自动化有以下几个优点:

1. 提高工作效率

工作效率在很大程度上取决于办公方式,如开个会议需要打十几个电话通知;一份审批需要历经4天通过5关审核;领导出差业务就会被搁置等。云端办公自动化系统提供一个整合的工作平台,可以打破时间和空间的限制,实现随时随地办公,大幅提高了员工工作效率。

2. 提高信息流的应用价值

信息流、资金流和实物流作为企业三大核心资源，其重要性在信息化时代背景下越来越突出。传统信息流多以纸质文件的形式存在，往往造成纸张浪费、流转滞后、存储麻烦、查阅困难等诸多弊端。云端办公自动化系统可以提供很好的信息流处理平台，不仅能节省企业运营成本，提高信息资源流转效率，而且能最大限度地发挥信息流的应用价值，提供最好的决策支持和企业数据资料库。

3. 提高工作流效率和效益

工作流是企业不可或缺的业务范畴，包括订单管理、报价处理、采购处理、合同审核、客户电话处理、供应链管理等。传统办公方式多采用纸张表单手工传递的方式，一级一级审批签字，不仅工作效率低下，而且无法实现报表统计分析等功能。协同OA最重要的组成部分是工作流，使用者只需在电脑或手机上填写有关表单，系统就会按照定义好的流程自动往下推进，下一级审批者将会收到相关资料，并可以根据需要跟踪、管理、查询、统计、打印等，极大地提高了工作流效率和效益。

云端办公自动化系统还可以避免人为因素，实现规范、科学的管理；能增加团队协作沟通能力；形成健康、积极的文化氛围，增强组织的凝聚力；有利于对外宣传、提升企业整体形象等。

3.1.2 云端办公自动化工具

应用系统支持是云端办公自动化系统中至关重要的一环。Office系列、WPS系列等多款应用软件都可以提高个人办公效率，但这里有一个误区，并不是计算机联网就可以实现云端自动化办公，没有好的应用系统支持协同工作，仍然是个人办公。

目前，市面上常见的云端办公自动化系统有帆软软件有限公司的简道云、深圳奥哲网络科技有限公司的氚云、上海易校信息科技有限公司的轻流、西安数据如金信息科技有限公司的金数据、广东百宝智能科技有限公司的百宝云等。本书主要以简道云为例介绍云端办公自动化系统的应用。

简道云是一个零代码轻量级应用搭建平台，旨在满足企业的个性化管理需求。简道云提供表单、流程、仪表盘、知识库等核心功能，通过拖拉拽的操作方式，管理员用户即可搭建出符合企业自身需求的管理应用（如生产管理、销售管理、人事OA等），使用者可以在钉钉、微信等移动端接收简道云消息、处理相关业务，以及进行数据的录入、查询、共享、分析等操作。

简道云的灵活使用有助于企业规范业务流程、促进团队协作、实现数据追踪。

3.2　简道云的使用

简道云是一款专业的数据收集和数据管理工具。通过在线的数据收集、数据分析、团队协作,让使用者可以 DIY 自己的数据管理平台。

简道云的使用一般包含三个方面:第一,可以通过表单来收集、管理数据;第二,可以通过仪表盘来展示、分析数据;第三,通过把表单、仪表盘发布给用户,让成员可以访问和使用,通过设置数据权限,实现更精细的权限控制,达成团队协作。简道云的使用如图 1-3.1 所示。

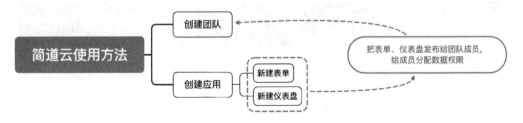

图 1-3.1 简道云的使用

3.2.1 账号注册和建立团队

使用简道云首先需注册一个账号,注册网址是:https://www.jiandaoyun.com/register。注册方式很简单,只须填写手机号、验证码、昵称以及密码,单击下方"注册"按钮,即可完成账号注册,如图 1-3.2 所示。

图 1-3.2 简道云的注册

账号注册并登录之后,就可以邀请成员构建组织架构了,在工作台右上角单击"通讯录"图标即可进入通讯录页面;然后依次单击"成员""组织架构""邀请成员",即可把成员加入自己组建的企业团队中,如图1-3.3所示。

图1-3.3 邀请成员构建组织架构

3.2.2 工作台

在使用过程中,简道云的应用可以理解为一个包含各种表单和仪表盘且具备相关各种功能的系统。比如可以创建一个名为"人事管理系统"的应用,在此应用中创建"入职登记表"普通表单、"离职申请表"流程表单、"员工通讯录"仪表盘,便可以用此应用来实现员工入职登记,进行离职流程审批,查阅员工信息等功能。

1. 新建应用

一个应用是由若干张表单和仪表盘组成的业务管理系统,就像一个工厂,是由不同的生产线共同组成的。不同的应用可以构成大大小小不同的业务管理系统,应用与应用之间还可以相互关联。

简道云提供3种新建应用的方法,分别是:创建空白应用、模板中心创建、定制应用。在工作台中找到"全部应用",然后单击"新建应用",就可以建立自己的应用,如图1-3.4所示。

创建应用时,需要为应用起一个名字,设置一个分组,还可以选择应用的图标和颜色,以区分不同种类的应用。

2. 应用基础设置

在工作台上,将光标移动到某个应用上之后,有权限的管理员可以看到一个设置按钮。单击即可进行相关设置,如图1-3.5所示。

可以修改应用图标。应用图标支持6种颜色以及40种图标样式的选择,可以利用这些属性的组合设置出240种不同的图标效果。

单击"修改名称",可以对应用的名称进行修改。

对于类似的业务,可以通过"复制应用"后再修改,来完成应用的快速上线。

若单击"删除应用",则需要输入应用的名称后才可删除。(请注意删除应用会将该应用内部的表单、报表、数据一并删除,且过程不可逆,请慎重操作!)

图 1-3.4 新建应用

图 1-3.5 新建应用(相关设置)

在工作台中,直接单击需要访问的应用即可进入,单击工作台按钮便可返回到工作台。

进入应用后,可以新建表单、流程表单和仪表盘,还可以对表单和仪表盘进行分组,如图 1-3.6 所示。

在简道云中,表单是由字段组成的用于收集数据的表,数据表单可以切换为流程表单,一般用蓝色图标来标识;流程表单是可以让收集的数据逐级审批和流转的表,比普通表单多了流程的设计,流程表单也可以切换为普通数据表单,一般用黄色图标来标识;仪表盘可以间接或直接地对表单收集的数据自动进行汇总统计。

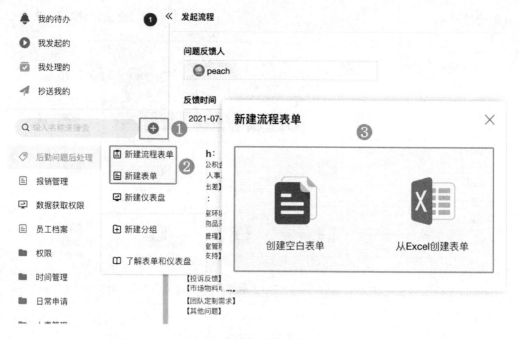

图 1-3.6 新建表单和仪表盘

3.2.3 表单设计

确认好需要收集的数据后,即可开始新建表单,设计出满足企业个性化需求的表单。

表单有两种类型,普通表单带有协作功能,可以对数据进行分权限管理;流程表单带有流程功能,可以进行工作流程设定。两种表单类型可以相互切换,所以刚开始可以任意选择一种新建,后期根据使用需求直接进行切换。

有两种新建表单的方式:一是直接创建空白表单;二是导入 Excel 表创建表单(将 Excel 表中的标题作为字段)。

表单建立完成后,进入表单设计界面,可以直接从左侧添加字段,然后设置字段属性及表单属性,设计完成单击"保存"按钮,如图 1-3.7 所示。

简道云目前有 24 个字段,字段类型的选择非常重要,关系到函数、联动、关联等高级功能是否可用。使用合适的字段类型,对于表单设计、数据收集、数据分析都有着重要的影响。

通过字段来设计表单。从左侧选择一个字段拖动至中间表单设计界面,在右侧属性栏配置字段属性。

选中已添加的字段,可以在字段右下角对其进行复制或删除操作,字段属性会连同字段一起被复制。

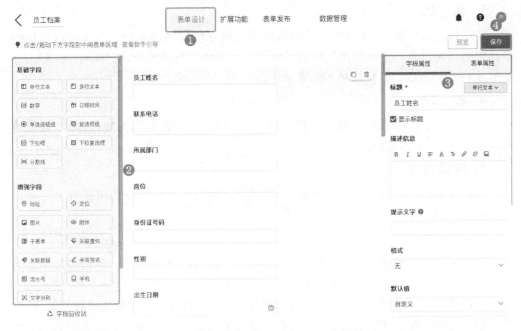

图 1-3.7 表单设计

字段属性是字段的基础信息,用于设置字段的标题、描述信息、格式、默认值、校验、字段权限等;不同类型的字段具有不同的属性,如单选按钮组字段可以设置选项属性,日期时间字段可以设置日期类型属性。字段属性的设置主要有以下 8 个方面。

1. 切换字段类型

单选按钮组、下拉框和单行文本支持互相切换字段类型,复选框组和下拉复选框支持互相切换字段类型。

2. 字段标题

字段标题指该字段的名称,其默认值为字段类型名称,标题必须填写,标题的编写有助于成员更好地识别到需要填报的内容。若不需要显示标题则还可以设置为隐藏,如分割线及其他不必设置标题的字段都可以被隐藏掉。

3. 描述信息

描述信息可以对该字段进行解释或说明,可输入文字、设置颜色、添加图片和超链接。

4. 默认值

默认值是指用户在访问表单时,该字段默认显示的值。部分字段可设置为自定义、数据联动、公式编辑。自定义即预设好一个固定的值,数据联动和公式编辑的内容将在后面介绍。

5. 格　式

在单行文本字段中，系统预设的数据格式起到字段校验的作用。目前可以选择的格式包括："无格式""手机号码""电话号码""邮政编码""身份证号码""邮箱"等，如选择手机号码，必须输入11位数字才能提交数据。

6. 校　验

校验指该字段的校验。部分字段可设置是否必填、是否允许重复值、限定数值范围、是否允许多文件上传。

7. 字段权限

字段权限指的是用户在访问表单时，对该字段的操作权限。字段可设置为是否可见、是否可编辑（流程表单在流程节点处设置）等。

8. 布　局

布局指该字段的布局方式。在表单属性设置为双列布局时可用，若设置该字段为"显示宽度占用整行"，则表示该字段不参与双列布局。

若将某个字段的默认值设置为公式编辑后，则在填写表单或修改表单数据时，可以使该字段的值根据公式自动计算出来，不需要再手动填写。目前支持编辑公式的字段有4个："单行文本""多行文本""数字""日期时间"。

公式通常由字段、函数、运算符和标点符号组成。需要注意的是，所有的字段，实际上都有一个内置的ID，而所能看见的字段名称，也仅仅是一个名称，当公式需要将字段值作为变量时，手动输入或复制粘贴都是无效的，因为字段名可以重复。如果需要在公式中插入字段，则应在公式编辑窗口左下角的字段列表中单击该字段，而不是手动输入字段名称，如图1-3.8所示。

简道云目前一共支持75种函数和多种运算符，函数的灵活应用对于数据收集有很多作用。具体函数和运算符的功能，请参阅相关用户手册。

关联其他表单数据和数据联动，两者的功能都是在一个表单中调用另一个表单或聚合表中录入的数据。其区别在于前者是直接调用所有数据，后者是只调用满足一定条件的部分数据。

关联其他表单数据就是在一张表单的下拉框字段中，直接调用另一张表单曾经录入过的数据。其意义是，某个下拉框调用另一个表单中的某个字段里录入的值作为选项，被调用的数据可以是单行文本、数字，也可以是下拉框、下拉复选框、单选/复选按钮、日期时间等，而子表单、图片、地址等暂时不能作为被关联的字段。

常见用法：A表为客户信息表，记录了包括客户名称等在内的基础信息；B表为订单表，录入客户下的订单数据，其中客户名称设置关联其他表单数据，可以直接调用A表中已经录入过的客户名称。

数据联动是数据关联的延伸，简单地说就是有条件地关联，根据条件字段的值调用出对应的数据。当某一个字段的内容需要跟着上一个字段的变化而自动填写或自动改变选项的时候，数据联动就可以发挥作用了。

图 1-3.8 编辑公式

常见用法：第一个下拉框选择江苏省,第二个下拉框只能选择江苏省对应的城市；第一个下拉框选择浙江省,第二个下拉框也只能选择浙江省对应的城市。或者选择了某个商品名称或编号后,下面的空格自动填入该商品的价格,这样的应用就是数据联动。

3.2.4 流程设定

流程表单适用于申请、审批、工单处理等场景,通过设置让数据在不同的流程负责人之间进行审批提交,最后完成数据自下而上的流转。管理员需要提前设置好流程的节点、负责人和数据流转的路径等。一旦数据提交后,就会进入流程,按照流程的设定进行流转。如图 1-3.9 所示为报销申请流程。

设计流程表单,需要先在"表单设计"页面做好流程表单,然后再进入"流程设定"页面设置流程,如图 1-3.10 所示。

流程设定的步骤如下：首先需要添加需要的流程节点个数,按顺序排好并命名；然后通过流程连接线将零散的流程节点按审批流程依次连接好并调整流程布局,为各流程节点设置审批负责人,并设置可见/可编辑的字段权限。

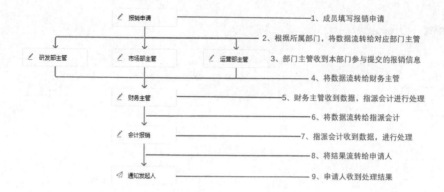

图 1-3.9 报销申请流程

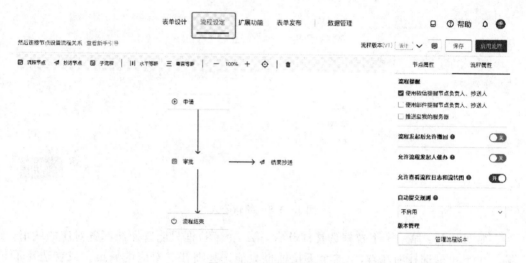

图 1-3.10 流程设定

审批意见用于对流程发起人所提交的表单数据的意见批注,简道云提供了"文本意见"和"手写签名"这两种审批意见的批注方式,开启后负责人在审批的过程中就可以直接填写审批意见了,如图 1-3.11 所示。

审批意见是用签名或者文字去记录意见的一种方式,而节点操作则是用来决定当前节点审批以后流程的流转去向。节点操作的功能和应用场景如表 1-3.1 所列。

表 1-3.1 节点操作功能和应用场景

操作类型	功　　能	应用场景
提交	保存在此节点中的操作,将数据流转到下一节点中	此节点中需要填写或者确定的数据已经全部完成,需要将流程流转到下一节点中
暂存	保存在此节点中的操作,并且流程数据保留在"我的待办"中	此节点中需要填写或者确定的数据还未全部完成,需要保存现在的操作并将流程暂存在自己的待办中,稍后继续处理

续表 1-3.1

操作类型	功 能	应用场景
提交并打印	保存在此节点中的操作,将数据流转到下一节点中,同时进入打印的界面进行数据打印	需要将流程流转到下一节点中,并且打印数据
回退	保存在此节点中的操作,并且流程数据退回到某个节点	流程数据中的内容有不同意的部分,要回退给指定节点进行修改
转交	将该条待办数据转交给其他成员进行处理	流程负责人可能临时无法处理任务,需要把待办数据转交他人处理
结束流程	保存在此节点中的操作,并且将流程直接结束掉,不再往下流转	流程数据中的内容有不同意的部分,也不想退回修改,需要强行终止流程,直接结束掉

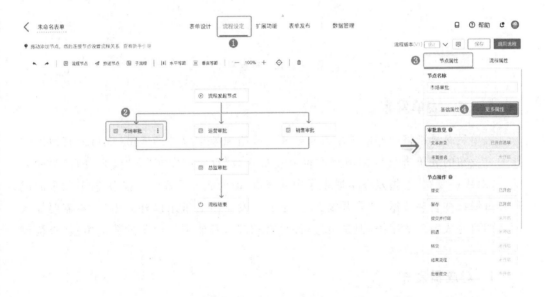

图 1-3.11 审批意见

管理员可以根据需要为不同的节点提供不同的节点操作。节点操作如图 1-3.12 所示。

流转规则的设置可以确保流程高效无误地流转。需要注意的是,当一个流程节点有多个负责人时,需要确定是否只需要一个负责人审批提交便可流转流程,系统默认为任意负责人提交后进入下一节点。

流程设计完成以后需要启用流程方可生效,启用后发布给成员,成员就可以进行流程发起了。

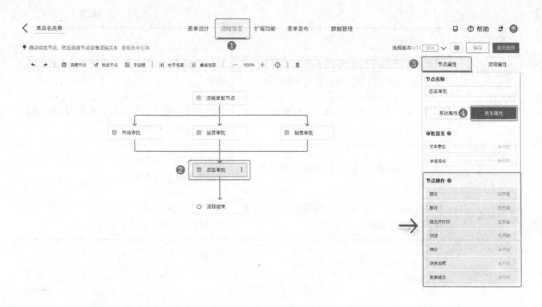

图 1-3.12 节点操作

3.2.5 表单发布

表单发布是指将做好的表单发布给成员或组织架构以外的人员,成员或其他人才能通过发布的表单进行数据填写。表单发布分为"对成员发布"和"公开发布"两种方式。"对成员发布"是指发布给通讯录中的成员,即为成员设置数据权限,拥有权限的成员方可填报和管理数据。"公开发布"是指公开发布给通讯录以外的用户,不需要加入团队即可完成数据的填报,但是可进行的操作有限,只能进行简单的数据填报、查询等操作。

1. 对成员发布

如果选择对成员发布,那么团队成员需要登录账号才能进行数据填报。不同的成员可以负责不同表单的数据填报与管理。

如部分表单普通成员可以进行数据提交,而部门主管还可以进行数据的管理,这一系列操作都可以通过设置权限来解决,如图 1-3.13 所示。

2. 公开发布

如果选择公开发布,那么用户无需登录即可访问表单并提交数据。根据实际业务,还可以设置公开查询链接,让外部用户通过筛选条件查询提交的数据等,如图 1-3.14 所示。

图 1-3.13 对成员发布表单

图 1-3.14 公开发布表单

3.2.6 数据管理

在普通表单或流程表单中,管理员都可以登录后台在数据管理中查看表单中录入的所有数据(进入应用管理→表单→数据管理)。

在后台的数据管理中,管理员拥有所有的权限,可以直接添加或导入、导出数据,编辑、删除、批量修改数据,也可以对数据进行筛选查看,如图1-3.15所示。

图 1-3.15　数据管理

在数据管理页面中,字段可以选择显示或者不显示。除了表单字段之外,显示内容中还包括"提交人""提交时间""更新时间"三个系统字段。如果开启了流程,显示内容中还包括"流程状态""当前节点/负责人"两个流程相关字段。

在"筛选条件"中,可以通过设置不同字段的筛选条件来查看不同数据。

表单数据在查看时默认以数据提交时间顺序进行展示,可以在右上角设置固定的数据展示顺序。通过排序,不仅可以让数据看起来更有条理,也能更方便地定位数据。

另外,在数据管理页面中还可以直接新建数据,对数据进行导入、导出、删除等操作。

3.2.7　仪表盘设计

在表单中收集得到的数据,可通过仪表盘来进行查看、分析和处理。

仪表盘由数据组件、文本组件、图片组件以及筛选组件组成。其中数据组件包含种类丰富的图表类型,管理员可以根据实际需要选择图表类型进行仪表盘统计看板的搭建。

仪表盘中提供了多种样式的图表,可以通过明细表、数据透视表等查看表单数据的明细和汇总;通过柱形、折线、图形、雷达图等对数据进行处理,显示数据的发展趋势、分类对比等结果;通过饼图体现数据中每个部分的比例;通过甘特图了解项目进展;通过数据管理表格、日历组件设置数据修改权限。

3.3 综合案例：丽水南城实验幼儿园办公自动化系统

3.3.1 案例背景

2019年，面对来势汹汹的新型冠状病毒疫情，作为育人的摇篮，每一所学校都需要迅速宣传到位，精准传达文件信息到每一位教师，并对学生进行疫情排查，精准掌握学生健康状况，为全面做好疫情防控工作打下良好基础。

丽水南城实验幼儿园隶属于丽水市教育局公益二类事业单位，目前有三个不同运营模式的园区，共有教职工163人，36个班级，1 158名幼儿。丽水南城实验幼儿园作为丽水市"三化"管理模式的试点学校，运用简道云平台丰富的模块管理，打通了家校之间、校园与社区之间、校园内部之间的信息互动、流通和数据化统计与统筹，真正做到数据最大程度还原实际情况，并有针对性地应用于实际，有的放矢。由于管控出色、主动创新，浙江卫视、丽水新闻频道相继报道丽水南城幼儿园的管控成果。

3.3.2 系统介绍

1. 调查跟踪系统

接到疫情通知后，丽水南城幼儿园紧急成立疫情工作领导小组，第一时间在简道云搭建起防疫管理应用，对全区近1 500名师生进行"新冠肺炎防控数据统计"。家长只需扫码填写调查问卷（二维码如图1-3.16所示），便可一键上报当日健康状况、隔离数据、幼儿户籍统计、家庭人员信息、手机定位等。丽水幼儿园使用简道云搭建的表单仅仅用了2小时就搜集到数据2万余条，对这次调查数据进行统计分析，最大程度地还原

图1-3.16 疫情上报二维码

了全园疫情防控态势。

(1) 运用简道云仪表盘快速实现全园疫情一张图

仪表盘对师生信息进行数字化记录和保存,所有数据有迹可循,可随时调取查看,各项数据一目了然,如图1-3.17所示,可视化程度高,有力地推动了全园的疫情防控工作。

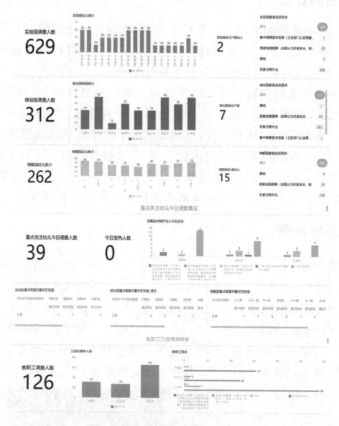

图1-3.17 疫情数据仪表板

(2) 调查表单内嵌手机定位,掌握学生去向

为加强全园疫情相关人群数据的全方位分析,丽水南城幼儿园为数据表单嵌入手机定位,对正在隔离人员和解除隔离的人员做好分类和精准定位,以便实时掌握师生去向。

(3) 科学采集需求,合理配置人力资源

通过简道云搭建留言模块,在疫情期间,师生可以随时填写个人健康指标情况或所需咨询内容,如图1-3.18所示;然后根据需要推送给班级安全网格员,网格员根据实际情况核实,工作人员定期监控第一时间反馈,必要时提供上门服务。

2. 在线教学系统

在疫情防控之余,为了积极应对临时延长的假期,南城幼儿园通过简道云启动"空

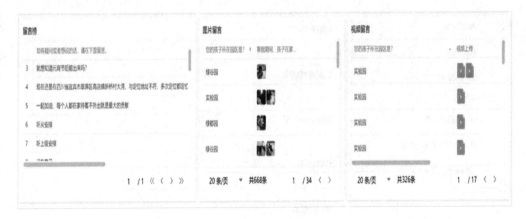

图 1-3.18 留言板

中课堂"——通过问卷调查,链接到幼儿园公共号教师空中课程,指导师生科学安排寒假期间的学习和生活,根据疫情发展情况和需要,积极录制教学视频并布置作业,动员家长和学生一同在线上学习,上传视频与图片开展家园互动,如图 1-3.19 所示。

图 1-3.19 在线教学系统

3. 复工检查系统

丽水南城幼儿园根据原有流程模式设计流程表单,让所有琐事都按照既定流程流转。一方面让老师们无需为了一些小事再频繁跑腿;另一方面保证无接触工作,所有协作在线完成,更好地保障了师生安全。

以幼儿园安全检查为例,图 1-3.20 所示为电脑端表单及流程设计界面。

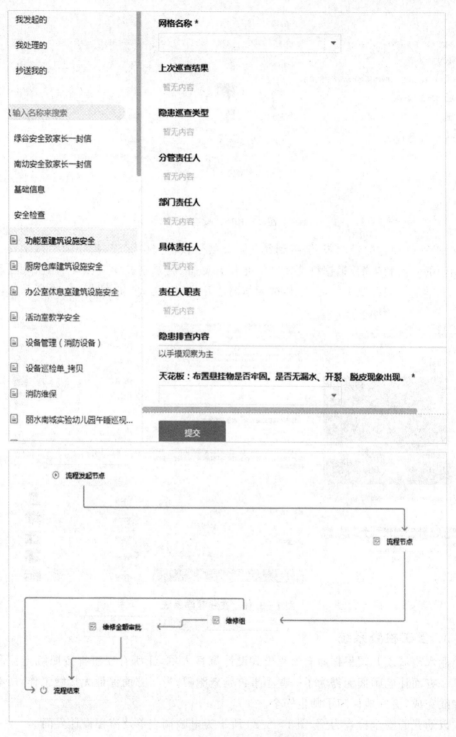

图1-3.20 幼儿园安全检查

设计完成后,当老师们在某一教室里发现设备问题,只需拿出手机提交问题→维修部门收到提醒并处理→反馈处理结果给老师→所有消息记录都将自动汇总到报表。

如图1-3.21所示,从左到右依次为:报修填写、收到报修提醒、进入报修流程。

图1-3.21 幼儿园安全报修

所有维修数据记录汇总在仪表盘图1-3.22内,幼儿园修缮状况清晰可见。

图1-3.22 维修修缮报告统计

总的来说,丽水南城幼儿园结合"丽水市整体疫情尚未稳定,防控形势严峻复杂""幼儿园人口较为集中、人员较为复杂、情况较为多变"等实际情况,运用大数据中的学生去向、学生和教职工中的确诊病例、疑似病例、发热情况等数据,通过简道云搭建起疫情管理应用平台,给疫情期间防疫工作方案的制定提供数据支撑,其精准防疫的一系列措施值得广大校园参考借鉴。同时,为响应"停工不停学"的号召,丽水幼儿园做出的空中课堂、家园互动、线上游戏、复工检查的一系列行动同样值得学习。学习了丽水南城幼儿园的案例后,接下来我们从一个学校老师的角度来搭建一个家园互动中最常用的"缴费通知"的场景,体验简道云带来的便捷性和设计性。

首先,完成一个场景的搭建,就要深入了解这个场景的具体内容。一般我们会设立目标和现在的情况对比,找出需要注意的场景要求。情况对比如下:

(1) 问　题

① 通知一般是群聊消息或者学生转告,会造成消息信息差等问题;

② 每个年级段的费用有所不同,需要进行不同的文件通知;

③ 相关缴费通知老师每次都需要寻找相应的模板制作通知。

(2) 目　的

① 通知可以线上模板化,修改和存档相应简单;

② 家长可以自行查询,并可以知道费用明细情况;

③ 学校可以统计每年的收费情况,做好信息收集工作。

根据这些,我们就可以按照角色的需求分解成两个页面:其一,家长可以自由查询页面;其二,学校可以看到历年发布的通知。

之后进行每个页面的设计,首先我们完成通知模板的制作,按照需求拆解→操作完成的步骤进行。

按照情况对比中的要点和通知的基本结构,我们利用思维导图完成"通知模板"的设计,如图1-3.23所示。

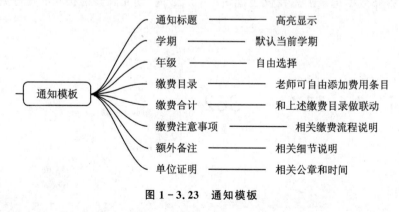

图1-3.23　通知模板

完成设计需求之后,打开简道云的编辑界面,完成图1-3.24和图1-3.25的界面制作。

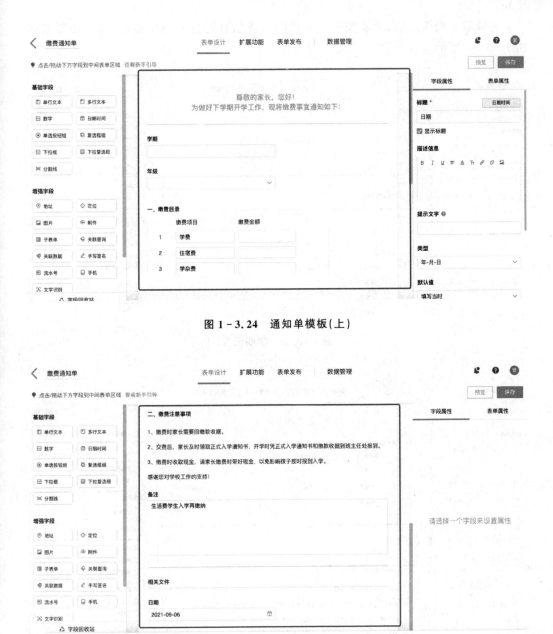

图1-3.24 通知单模板(上)

图1-3.25 通知单模板(下)

在完成页面制作的过程中,会遇见图1-3.26~图1-3.28的操作细节,请按照图中设置完成制作。

完成页面设计之后,进行表单发布操作,如图1-3.29所示,"表单发布"→"公开发布"→"公开查询链接"→"查询设置"(查询条件选择年级,显示内容为全部)。

完成通知模板之后,大家按照如上思路完成信息汇总的制作要求,其设计要求如图1-3.30所示。

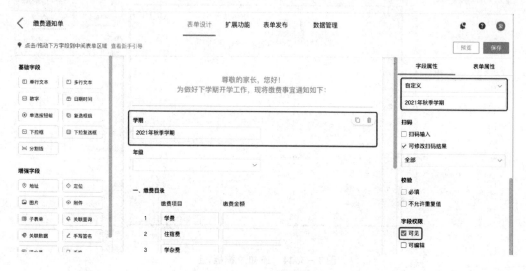

图1-3.26 学期设置

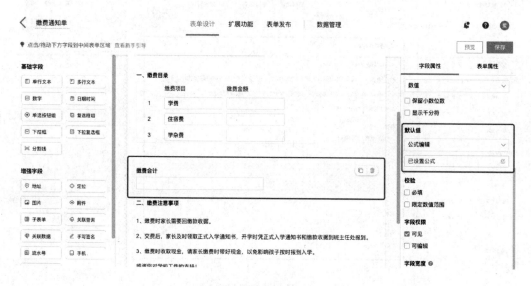

图1-3.27 缴费合计

图 1-3.28 合计公式

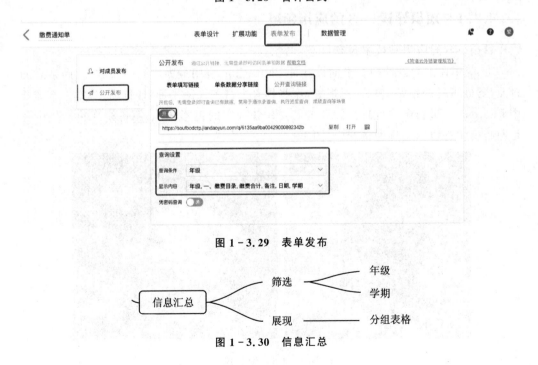

图 1-3.29 表单发布

图 1-3.30 信息汇总

第4章　平面海报设计

Photoshop 是 Adobe 公司推出的一款功能强大的图像处理软件,它被广泛应用于广告设计、三维动画、网页设计、产品设计等诸多领域。在图像处理时,我们经常要对图像的特定部分进行处理,这就需要把这部分图像选择出来,部分图像的选择俗称"抠图",这是一个图像的某一部分或者人像的某一局部从原图像中剥离的过程。掌握 Photoshop 对图形图像处理的基础知识和基本技巧,使学生不仅能全面掌握 Photoshop 软件的各个知识点,还能运用这些知识点制作出实用的作品或实现某一图像的处理。

人像磨皮是 Photoshop 在商业领域运用的一个经典技能,无论是广告修片还是各种书刊、印刷品设计、电商设计、影楼摄影等,都需要对人像进行精修及磨皮处理,而照片的不同应用场景决定了不同的修片风格。

4.1　从美学角度认识 PS

4.1.1　知识导读:PS 的应用领域

目前,PS 的应用领域主要有:

① 应用在平面设计中。平面设计是 Photoshop 应用最为广泛的领域,时尚杂志的封面,随处可见的招贴、包装、海报等,这些具有丰富图像的平面"印刷品"基本上都需要用 Photoshop 进行图像处理。设计者需要具备一定的色彩知识,不论是在色彩搭配还是明暗度中都可以合理地调配(见图 1-4.1)。

图 1-4.1　海　报

② 应用在插画设计中。插画应用主要有文学插画与商业插画两大类型。文学插画是再现文章情节、体现文学精神的视觉艺术。商业插画是为企业或产品传递商品信息，集艺术与商业于一体的一种图像表现形式（见图1-4.2）。电脑艺术插画作为时代的先锋视觉表达艺术之一，已经成为新文化群体表达文化意识形态的利器。Photoshop具有良好的绘画与调色功能，插画设计制作者使用Photoshop绘制作品，然后用Photoshop填色的方法进行插画设计，设计出具有绚丽色彩风格的插画。

图1-4.2　文学插画

③ 应用在数码摄影后期中。随着数码相机的普及，很多摄影爱好者由于没有摄影基础，在摄影过程中对构图、光线、色彩运用技巧不足，致使作品效果不佳。而Photoshop可以对数字化的图像进行色彩校正、调色等专业化的图像处理（见图1-4.3），可随心所欲地对图像进行修改、合成与再加工，制作出充满想象力的作品。

图1-4.3　PS处理后的摄影作品

④ 应用在动画与CG（计算机动画）中。随着以计算机为主要工具进行视觉设计和生产的一系列相关产业的形成，国际上习惯将利用计算机技术进行视觉设计和生产的

领域统称为CG(见图1-4.4)。它既包括技术也包括艺术创作,如三维动画、影视特效、多媒体技术动漫插画、人物角色原画/场景设定、影视动画设计、影视特效设计、工业造型设计、Flash互动设计等。

图1-4.4　多媒体技术动漫插画

4.1.2　知识扩展:设计师眼中的作品

1. 打造超现实的艺术画效果

远远地看,这就是一张普通的照片,但靠近一点能看到许多独立的笔触,就像刚开始我们说到的"超现实艺术画"(见图1-4.5)。

图1-4.5　超现实艺术画

2. 时尚五彩缤纷的抽象人像碎片效果(见图1-4.6)

示例中最重要的是对颜色和碎屑位置的把握,当同样颜色的碎屑叠加在色块上时,需要把碎屑调得或深或浅,有需要的也可以将图层透明度做适当调整。

图1-4.6 抽象碎片效果图

3. 剪影光斑人像作品效果(见图1-4.7)

剪影摄影是一种非常具有趣味性、神秘性和延展性的摄影艺术形式。当我们的眼球定格到剪影画面时,我们的思维会驰骋在剪影以外的无限时空中。也就是说剪影摄影形式会让观者不自觉地走进画面中,并主动展开超越画面的丰富想象。

图1-4.7 剪影光斑人像作品

4.2 平面设计与抠图技巧

4.2.1 平面设计基础知识

1. 结构关系

结构关系,是物体的透视关系和物体的基本结构。透视结构就是近大远小的空间规律,基本结构就是如何将一个复杂的物体,拆解成基本的圆形、三角形、正方形、长方形的简单描绘的结构形态。结构关系是我们理解形体的基础。

2. 素描关系

素描关系主要是研究光影的关系,一个物体在光源下肯定会产生如黑白灰等不同的明暗变化,这就是素描关系。素描关系中最重要的就是三大面和五大调,下面我们会详细讲解。

3. 色彩关系

色彩关系就是要研究不同色彩互相融合产生的影响,比如邻近色、互补色、对比色等,两个物体的颜色不一样也会产生环境色、固有色等。所以当我们用手绘或者电脑绘图来描绘物体时,可以从这三个关系中来审视对象,就会使所描绘的物体更加准确了(见图1-4.8)。

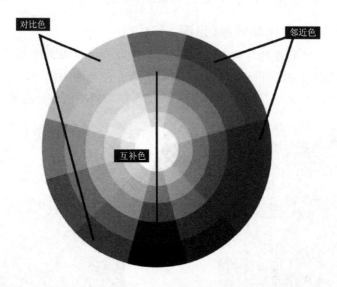

图1-4.8 色相环

互补色:红+绿+蓝=白色,在色环上相隔180°,是对比最强的色组,在三原色中,这两种相隔180°的色光等量相加会得到白色。经典互补色有黄色和紫色(例如科比的球衣)、黄色和蓝色、红色和绿色。互补色在视觉上给人非常强的冲击力,所以在使用上常给人潮流、刺激、兴奋的感觉。

对比色:指在色环上相距120°～180°之间的两种颜色,也是两种可以明显区分的色彩,包括颜色三要素的对比、冷暖对比、彩色和消色的对比等。对比色能使色彩效果表现明显、形式多样、极富表现力。互补色一定是对比色,但是对比色就不一定是互补色。因为对比色的范围更大,包括的要素更多,例如冷暖对比、明度对比、纯度对比等。

邻近色:相互接近的颜色在色环上的距离相距90°,或者相隔五六个数位的两色。色相相近。冷暖性质相近,传递的情感也较为相似。例如红色、黄色和橙色就是一组邻近色。邻近色表现的情感多为温和稳定,没有太大的视觉冲击。

同类色:色相性质相同,但色度有深浅之分(在色环上相距15°以内的颜色)。

4. 练习方法:三大构成

三大构成指的是:平面构成、色彩构成、立体构成。三大构成起源于包豪斯学院,一所在设计历史上非常重要的学术机构。三大构成是从美术知识过渡到设计领域最重要的一个转折。我们掌握了平面设计知识并练习到一定程度后,就可以开始三大构成的练习了。

平面构成:什么是画面最小的单位?点、线、面。如果我们从无到有需要构建一个画面而不知所措时,可以尝试用点、线、面来开始。同时也可以尝试用点、线、面来做命题进行设计练习,这都是最有效的训练。

色彩构成:根据我们上文学到的色彩知识,即色彩原理、邻近色、对比色、互补色等,将这些知识融入到一个练习之中,比如用紫色和黄色创作一个对比强烈的画面。这就是色彩构成的练习方法了。

立体构成:通过对比、重复肌理、骨骼等三维空间物体,完成一组设计练习。通常平面设计师/网页设计师/UI设计师是做二维平面的图形设计,立体构成练习可以相对减弱。

4.2.2 掌握多种简单抠图技巧

1. 魔棒工具

- 适用图像范围:图片背景部分颜色单一,要抠图的图像部分非常简单;
- 优势:操作简单、快速;
- 劣势:抠图不精细。

Photoshop中最简单、最快速的抠图工具就是魔棒工具,这个工具在使用上方便快捷,只能进行简单的抠图,也就是背景和图像都很简单的抠图。

【案例1】当背景颜色与物体颜色对比明显,同时背景颜色单一时,如图1-4.9所示,把图片中的花朵分离出来。

步骤1:选择魔棒工具(见图1-4.10)。

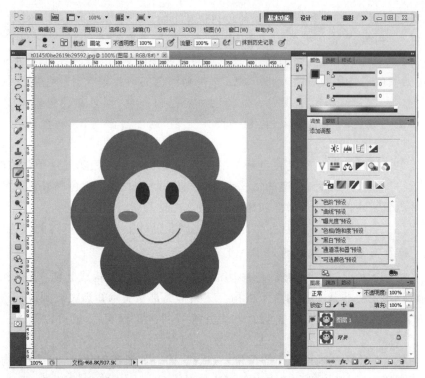

图 1-4.9 案例 1 图

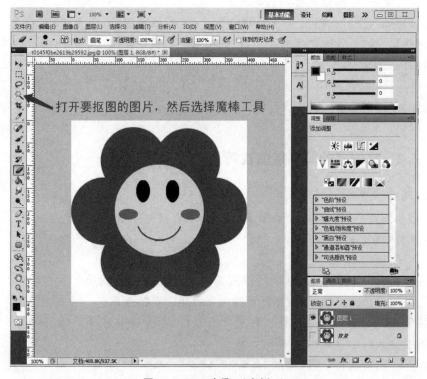

图 1-4.10 步骤 1(案例 1)

步骤2:单击任意白色背景处(见图1-4.11)。

图1-4.11 步骤2(案例1)

步骤3:删除背景完成抠图(见图1-4.12)。

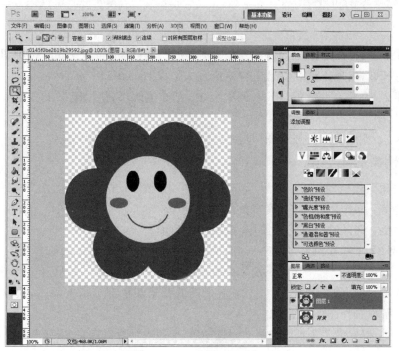

图1-4.12 步骤3(案例1)

【案例2】当背景颜色与物体颜色相近,同时背景颜色单一时,如图1-4.13所示,把图片中的花朵分离出来。

图1-4.13 案例2图

步骤1:当抠图图像与背景颜色相近时,使用魔棒工具会出现同时选中图像与部分背景颜色区域,出现这种现象是由容差值过大造成的(见图1-4.14)。

步骤2:调整容差数值,将30调整为12,把数值改小,使用魔棒工具单击任意背景颜色处(见图1-4.15)。

步骤3:删除背景完成抠图(见图1-4.16)。

2. 快速选择工具

- 适用图像范围:图片背景部分比较简单,要抠图的图像部分也比较简单;
- 优势:操作比较简单、快速;
- 劣势:选择时候容易误操作,抠图不够精细。

【案例3】当背景颜色不够单一时,使用魔棒工具会给我们带来很多困扰,影响抠图的速度。如图1-4.17所示,把图片中的卡通动物分离出来。

步骤1:使用快速选择工具,沿着要抠图的背景颜色部分依次滑过,快速选择工具会智能地帮你选择图像(见图1-4.18)。

步骤2:鼠标沿着背景图像画一圈选中后,卡通人物选择就完成了(见图1-4.19)。

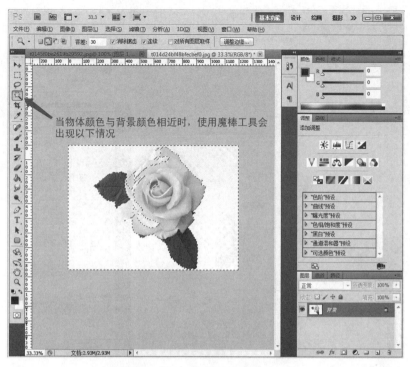

图 1-4.14 步骤 1(案例 2)

图 1-4.15 步骤 2(案例 2)

图 1-4.16 步骤 3(案例 2)

图 1-4.17 案例 3 图

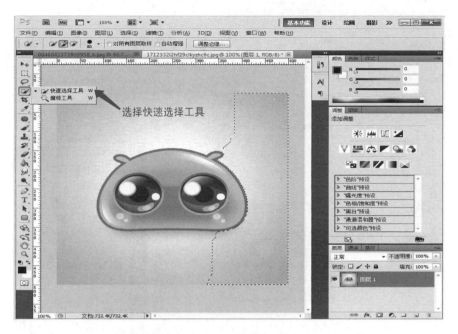

图 1-4.18　步骤 1(案例 3)

图 1-4.19　步骤 2(案例 3)

步骤3:删除背景完成抠图(见图1-4.20)。

图1-4.20 步骤3(案例3)

3. 磁性套索工具

➢ 适用图像范围:物体边界清晰;
➢ 优势:磁性套索会自动识别图像边界,并自动粘附在图像边界上;
➢ 劣势:边界模糊处需仔细放置边界点。

【案例4】当所选择区域边界清晰,颜色对比明显时,如图1-4.21所示,把图片中的人物裙子换成森系裙子。

步骤1:在PS中打开"芭蕾舞裙"和"树林"两张图,将两张图合并,并把"树林"图层的小眼睛关闭。人物裙子与上衣颜色对比明显、边界清晰,可以使用磁性套索工具(见图1-4.22)。

步骤2:单击鼠标左键,鼠标所经过的地方自动吸附在边界上,磁性套索工具会智能识边界线,形成闭环(见图1-4.23)。

步骤3:打开"树林"图层的小眼睛,添加图层蒙版即可完成裙子图像的更换(见图1-4.24)。

图 1-4.21 案例 4 图

图 1-4.22 步骤 1(案例 4)

图1-4.23 步骤2(案例4)

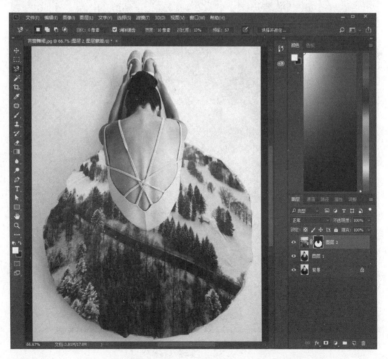

图1-4.24 步骤3(案例4)

4.3 人像处理技巧

4.3.1 磨皮概述

在 Photoshop 中使用较多的三种磨皮方法分别是：双曲线、高低频、中性灰。其中，高低频磨皮的优势是磨皮速度快，可以作为双曲线或者中性灰的过度，可保留较多的细节，但是不如双曲线精致，如果需要达到精致的效果，还需要配合双曲线或者中性灰对面部细节光影进行刻画。

4.3.2 高低频磨皮原理

高低频磨皮是商业磨皮常用的一种磨皮方法，它除了能改善皮肤外还能保留皮肤的质感，效果十分好，是商业修图必学的技巧之一。将图像分为两层：一层为高频，高频记录的是人物的面部细节特征；另一层为低频，记录人物脸部颜色及光影。分开调整，调整细节不会影响光影和颜色，调整颜色和光影的时候，不会影响到面部的细节。原图如图 1-4.25 所示，磨皮后效果如图 1-4.26 所示。

图 1-4.25 原 图

图 1-4.26 磨皮后

1. 高 频

所谓的高频层也就是将光影、颜色和质感分开处理。而在高频层中使用 PS 中的应用图像功能减去低频层则保留了质感，使用修复画笔工具去除痘痘、皱纹等瑕疵并不会影响任何脸部光影，尤其强调使用修复画笔，是因为它可以对干净的皮肤进行取样，并在系统中进行一定的计算，所以去除瑕疵后的质感都能很好地保留。

2. 低　频

低频层中使用滤镜→蒙尘与划痕，去除了质感，保留颜色和光影，所以在低频层使用高斯模糊和动感模糊起到改变光影和颜色的作用。

【案例】结合高低频磨皮原理和技巧，处理图像中人物皮肤，磨皮至光滑无瑕疵，下面就对图1-4.27进行处理。

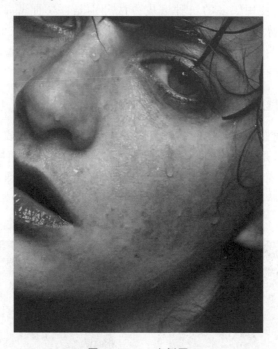

图1-4.27　实例图

4.3.3　如何对图像进行高低频磨皮

步骤1：单击"背景"图层，按住Ctrl+J键将背景图层复制一层，我们将新复制的一层命名为"低频"——这个图层就是接下来要处理皮肤颜色（色斑）的地方（见图1-4.28）。

步骤2：选择"低频"图层，然后选中PS工具栏中的"滤镜"→"模糊"→"高斯模糊"工具（见图1-4.29）。

步骤3：高斯模糊后的"低频"图层大部分纹理已经看不清楚了，只留下了颜色的信息（见图1-4.30）。

图1-4.28　步骤1

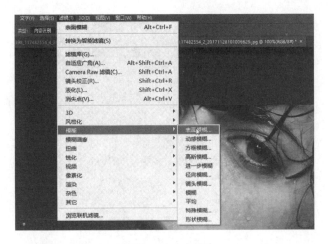

图 1-4.29　步骤 2

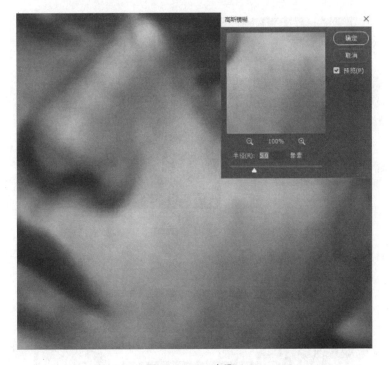

图 1-4.30　步骤 3

步骤 4：把"背景"图层再复制一层，然后将图层命名为"高频"，并且挪到"低频"图层的上方(见图 1-4.31)。

步骤 5：选择"高频"图层，通过"图像"→"应用图像"进行操作(见图 1-4.32)。

步骤 6：将图层设为"低频"，混合设为"减去"，其他不用改变(见图 1-4.33)。

步骤 7：将"高频"图层的混合模式设为"线性光"模式(见图 1-4.34)。

图 1-4.31 步骤 4

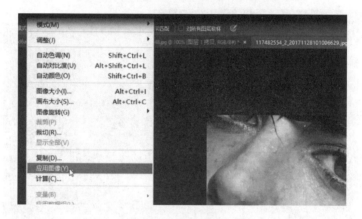

图 1-4.32 步骤 5

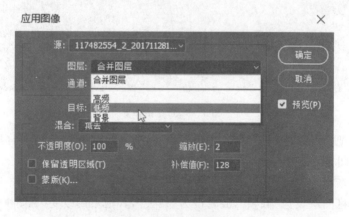

图 1-4.33 步骤 6

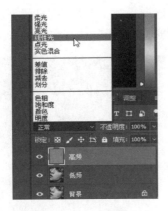

图1-4.34 步骤7

步骤8：在"低频"图层上对皮肤颜色进行修复，可使用仿制图章工具、污点修复画笔工具、修复画笔工具和修补工具（见图1-4.35）。

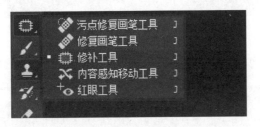

图1-4.35 步骤8

步骤9：通过"高频"图层，对皮肤纹理进行修复（见图1-4.36）。先将蓝色通道复制一层（不要在原本的蓝色通道上修改，因为这样会改变照片的颜色）。

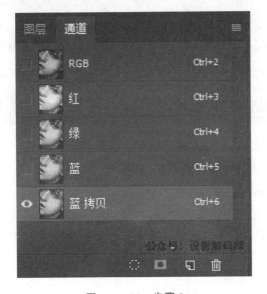

图1-4.36 步骤9

步骤10：对"蓝拷贝"通道进行高反差保留，只留下反差较高的部分，比如暗斑部分。选择"蓝拷贝"通道，然后选择"滤镜"→"其它"→"高反差保留"(见图1-4.37)。

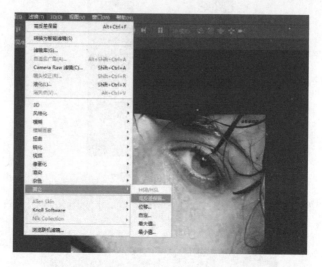

图1-4.37　步骤10

步骤11：高反差保留的值调节到能够清楚地看到暗斑即可(见图1-4.38)。

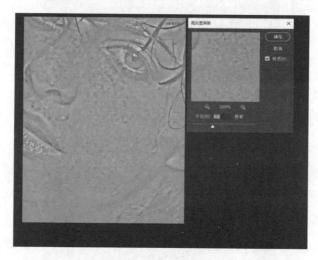

图1-4.38　步骤11

步骤12：采用计算的方式加强暗斑的对比度，反复计算3次(见图1-4.39)。

步骤13：按住Ctrl键，同时单击Alpha 3图层(Alpha 3通道便是计算"蓝拷贝"通道3次以后的通道)，选择出暗斑区域(这一步具体选择出了是正常皮肤区域还是暗斑区域，我们只需要提亮或者压暗曲线观察去除暗斑效果即可，见图1-4.40)。

步骤14：创建一个曲线工具，目的是提高暗斑区域的亮度，使其与皮肤其他区域融合(见图1-4.41～图1-4.43)。

图 1-4.39 步骤 12　　　　　　　　　图 1-4.40 步骤 13

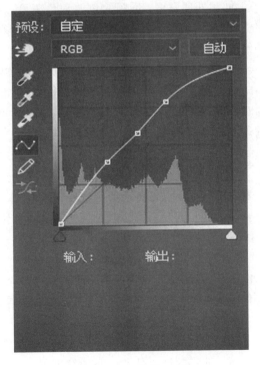

图 1-4.41 步骤 14(1)　　　　　　　图 1-4.42 步骤 14(2)

小结：

① 高低频磨皮：将皮肤颜色的信息记录在低频图层之中，将皮肤纹理的信息记录在高频图层之中，高频与低频互不影响，从而达到分块快速修皮的目的。

② 高低频磨皮原理：在 PS 软件代码中，高反差保留＝原始图像－高斯模糊图像＋127。也就是说，通过高斯模糊低频图层来提取皮肤颜色信息；通过应用图像（混合设为"减去"，图层设为"低频"）高反差保留高频图层来提取皮肤纹理信息，然后再把高频图层混合模式设为"线性光"（线性光可以屏蔽高反差保留后的灰色，留下反差最大的细节），在高频和低频的叠加作用下，画面又恢复了最初的样子，这也意味着把原图分解成了高频和低频两个图层。

图 1－4.43　效果图

③ 低频处理思路：低频的色差和色斑可以用修补工具组进行修复，应多多使用、多多尝试修补工具和仿制图章工具，以便熟练掌握；在处理低频的时候，不会影响到皮肤的细节，只会改变皮肤的颜色。

④ 高频处理思路：先通过修补工具组将痘痘和疤痕去除；然后再通过观察通道，选择暗斑最明显的一层，对其进行高反差保留；接着通过色阶或者计算等工具，加强暗斑的对比度，使暗斑更明显地显现出来；最后通过选取，选出暗斑区域后建立曲线，对暗斑进行提亮，从而使暗斑和其他皮肤融合起来。

4.3.4　知识拓展

表面模糊可以保证各个物体边缘不被模糊，而高斯模糊不能保证各个物体的边缘不被模糊；比如嘴和脸的边缘（见图 1－4.44 和图 1－4.45）。

步骤1：将最初的"背景"图层复制两层，移动到所有图层的最上方。对"背景拷贝"进行"滤镜"→"模糊"→"表面模糊"操作（见图 1－4.46）。

步骤2：表面模糊的效果就是将相近的各个颜色模糊融合在一起（比如将脸上的浅红色和深红色的色斑融合起来）从而使皮肤颜色过度更自然，达到消除色斑的目的（见图 1－4.47）。

步骤3：对"拷贝图层2"进行"滤镜"→"其它"→"高反差保留"，保留值大概在 0.8 左右，数值不固定，目的是把最小的纹理保存下来，同样也要把"拷贝图层2"的混合模式设为"线性光"（见图 1－4.48）。

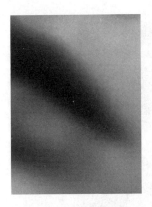
图 1-4.44 高斯模糊

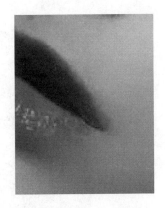
图 1-4.45 表面模糊

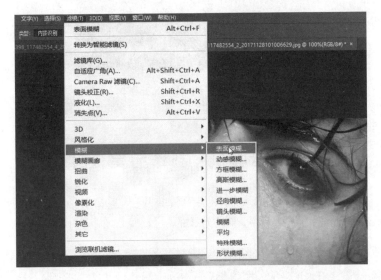
图 1-4.46 知识拓展步骤 1

图 1-4.47 知识拓展步骤 2

图 1-4.48 知识拓展步骤 3

4.4 综合案例：制作完美证件照

步骤 1：使用快捷键 Ctrl+J 复制图层为新的两层，重命名为高频和低频。将高频图层隐藏，低频设置滤镜高斯模糊，半径为 3 的倍数（见图 1-4.49）。

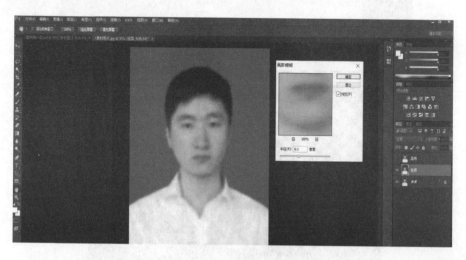

图 1-4.49 综合案例步骤 1

步骤2：切换至高频图层，选择菜单中的"图像"→"应用图像"，设置图层值为"低频"，混合为"减去"，缩放值为2，补偿为128，混合模式为"线性光"(见图1-4.50)。

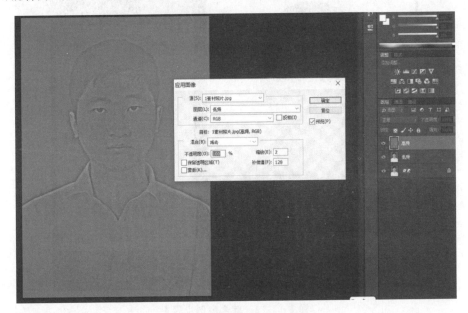

图1-4.50 综合案例步骤2

步骤3：选择魔棒工具或快速选择工具，更改取样点的容差值大小。将素材中除人像以外的纯色背景区域选中，反选可用Shift+Ctrl+I(见图1-4.51)。

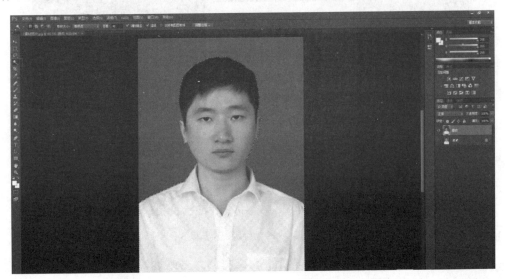

图1-4.51 综合案例步骤3

步骤4：选择菜单栏中的"调整边缘"，增加边缘检测半径以及羽化值(见图1-4.52)。

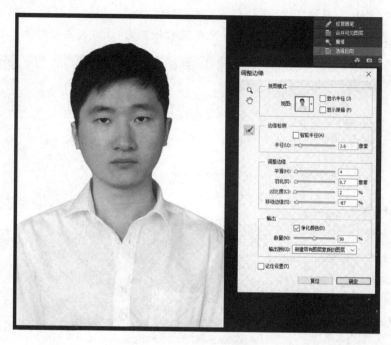

图1-4.52 综合案例步骤4

步骤5：输出到一个带有图层蒙版的图层(见图1-4.53)。

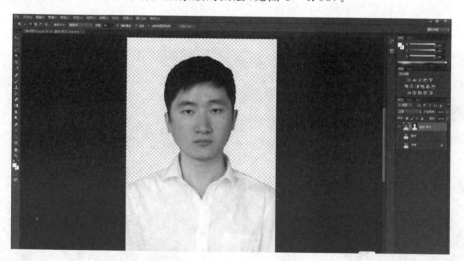

图1-4.53 综合案例步骤5

步骤6：添加新图层，更改图层顺序。将素材的背景改换为蓝色(67.142.219)或白色(255.255.255)如图1-4.54所示。

步骤7：导入西装素材，进行抠取，与人像、背景图层拼接(见图1-4.55)。

图1-4.54 综合案例步骤6

图1-4.55 综合案例步骤7

第 5 章　微电影制作

2020 年是中国视频社会化元年,作为一种更加直观、真实的内容形式,视频极大地提高了信息传播的效率。智能手机的快速普及降低了视频制作的门槛,社会已经大跨步进入人人可拍的时代,视频已经成为人们与世界对话的主要方式之一,它正在以一种前所未有的方式融入人们的日常生活。

手机微电影制作是一项需要团队通过前期策划、剧本创作、分镜头设计、素材采集、后期剪辑等多个环节共同协作完成的实践项目。近年来,随着智能手机的普及,手机的拍摄功能已经能够基本满足普通用户拍摄视频的要求。同时,手机端的剪辑软件层出不穷,大多数剪辑软件具备特效设计、字幕添加、转场动画、动态贴纸、滤镜、色彩调节等剪辑工具,功能十分强大。本章通过手机微电影制作项目案例,让学生通过团队的协同合作了解手机微电影创作的基本流程和具体方法,掌握手机拍摄的技巧和剪辑软件的使用方法,提升学生的团队合作能力。

5.1　手机微电影拍摄前的注意事项

5.1.1　创意策划

影片创意来源于能够激发创作者表达和交流欲望的任何东西,这种表达和交流的基础和前提是视觉化和戏剧化的。激发创意的源泉包括:幻想、梦、影像、真实事件、故事人物、观念、记忆、历史事件、亲身经历、社会问题、新闻故事、杂志文章等;记录的类型包括:人物、场景、道具、环境、行为动作等,这些内容都可以成为创意来源的第一手素材。

头脑风暴对于整个创作过程来说,既是良好的黏合剂,也是富有成果的合作的开始。创作团队成员应结合不同的人物特征、环境和场景进行重新排列和组合,寻找它们之间的关联,并对新鲜的事物保持高度敏感,仔细观察身边的事物,随时记录点滴,在记录过程中相互启迪,激发出更多的灵感。

5.1.2　确定拍摄主题

主题是影视作品的灵魂,拍摄主题可以是抽象的,也可以是具象的。创作之前,团队需要根据制作要求来确定拍摄主题,构思作品的风格和形式,确定影片的中心思想,并朝着这个方向不断努力。

5.1.3 团队协作

电影是一项团队合作的工程,需要由不同类型的专业人员所组成的团队来完成。完整的创作团队架构包括：导演组、制片组、美术组、灯光组、录音组、演员组。

导演组成员：导演、导演助理、副导演、场记。

摄影组成员：摄影指导、掌机、摄影助理、跟焦员。

美术组成员：美术指导、美术助理、道具师、造型师、服装师、化妆师、置景师。

灯光组成员：灯光师、灯光助理。

录音组成员：录音师、录音助理。

学生团队很难达到一个完整团队的配置,往往一个人要兼顾若干个职位,这样的操作方式会对影片的制作有一定的影响,但是也会有更强的机动性、活力和创造力。学生团队组建过程中要结合影片类型、难度和特点调整人员设置,争取组建最优的制作团队。

5.1.4 微电影素材采集

选择好拍摄场地才能保证拍摄过程更加顺畅。拍摄前,要提前做好拍摄日期安排,对取景场地进行踩点,不能临时抱佛脚;否则,可能会耽误或延迟拍摄的时间,一切要有计划地进行。拍摄时要选择内存较大、分辨率较高的手机设备,同时要保证设备满电,最好配备充电宝。拍摄过程中至少采用双机位拍摄,保证后期素材的剪辑。

5.2 微电影分镜头创作技巧

分镜头指的是把影视剧本中的画面内容分成若干个具体可拍摄的镜头,是剧本可视化、可操作化的具体表述。分镜头脚本是摄制组的"施工蓝图",不仅是前期拍摄的脚本,也是后期制作的依据。分镜头脚本的内容包括：把影视剧本的画面划分为一个个具体的拍摄镜头;写出镜头之间的组接技巧;对应镜头组的解说词;设计相应的音乐和音效。

5.2.1 分镜头脚本的创作要求

分镜头脚本的创作要求如下：

- ➢ 充分体现导演的创作意图、创作思想和创作风格。
- ➢ 分镜头运用必须流畅自然,画面形象简洁易懂;不需要太多的细节。
- ➢ 分镜头间的连接须明确。一般不表明分镜头的连接,只有分镜头序号的变化,其连接都为切换。
- ➢ 对话、音效等标识需明确。

5.2.2 怎样写好分镜头脚本

1. 钻研剧本及其背景

- 熟悉剧本的内容,并了解影视剧本的故事情节、故事发生的背景,以及剧本所要表达的主要思想、意图。
- 充分想象故事内容怎样用影视语言表达出来,忠实于原影视剧本。

2. 熟悉拍摄题材

- 落实画面题材和构思新题材。
- 熟悉已有的视听素材。
- 实地调查。
- 考虑演员表演的状态。

3. 构思分镜头

- 从整体到镜头,逐一构思:构思视频的整体结构,调整段落,划分镜头组。
- 在重点和难点上下功夫:运用典型题材、动画、视频特技,丰富视频形式。
- 在艺术处理上做文章:恰当运用蒙太奇表现手法,处理好视频作品的镜头节奏。

4. 分镜头格式

分镜头格式如表1-5.1所列。

表1-5.1 分镜头格式

镜号	机号	景别	技巧	时间	画面	解说	音响	音乐	备注

① 镜号:镜头顺序号,按影视剧本的镜头先后顺序,用数字标出。它可作为某一镜头的代号。

② 机号:现场拍摄时,往往是2~3台设备同时进行工作,机号则是代表这一镜头是由哪号摄像机拍摄的。

③ 景别:包括远景、全景、中景、近景、特写五种类型,它代表在不同距离观看被拍摄对象的大小和范围,能根据影视剧本的要求反映对象的整体或突出局部。

④ 技巧:包括摄像机拍摄时镜头的运动技巧,如推、拉、摇、移、跟等;镜头画面的组合技巧,如分割画面和键控画面等;镜头之间的组接技巧,如切换、淡入淡出、叠化、圈入、圈出等。一般在分镜头脚本中,在技巧栏只是标明镜头之间的组接技巧。

⑤ 时间:指镜头画面的时间,表示该镜头的长短,一般时间是用秒来标明的。

⑥ 画面:用文字阐述所拍摄的具体画面。

⑦ 解说：对应一组镜头的解说词，它必须与画面密切配合。
⑧ 音响：在相应的镜头标明使用的音效和声音。
⑨ 音乐：注明音乐的内容及起止位置。
⑩ 备注：方便导演记事用，导演有时把拍摄外景地点和一些特别要求标注在此栏。

5.3 微电影的后期剪辑方法和技巧

素材采集完成后，要进行初剪、精剪、配音、配乐、字幕、特效等一系列的操作，让整部片子有序而不凌乱，并能够带给观众理想的视听感受。在手机微电影制作项目中，学生主要采用手机剪辑软件——剪映(5.8.1)完成影片的后期剪辑。下面，将具体介绍剪映 APP 的使用方法和注意事项。

5.3.1 了解剪映 APP

剪映是抖音官方剪辑 APP，平台更新版本和素材的速度快，具有功能丰富、容易上手、稳定易操作等优点，可以基本满足学生制作视频的需求。剪映 APP 的特点如表 1-5.2 所列。

表 1-5.2 剪映 APP 介绍

APP	模板	特效	字幕样式	BGM	转场	贴纸	滤镜	是否有色彩调节
剪映	丰富且更新速度较快	80+	丰富	添加方式较多且资源丰富	40+	100+	37+	无

5.3.2 剪映界面介绍

1. 初始界面

在手机中下载剪映 APP，安装完成后，点击打开，剪映的初始界面如图 1-5.1 所示，包括创作区域、草稿区域和功能区域三部分内容。

2. 编辑界面

点击开始创作，成功导入素材后，进入编辑界面，如图 1-5.2 所示。
编辑界面包括时间线区域和工具栏区域，如图 1-5.3 所示。时间线包括时间刻度和时间轴（中间固定的白线），工具栏区域可以增加视频轨道、音频轨道、文本轨道、贴纸轨道、特效轨道。点击相应按钮可以进入相应二级工具栏区域。

图1-5.1 剪映初始界面介绍

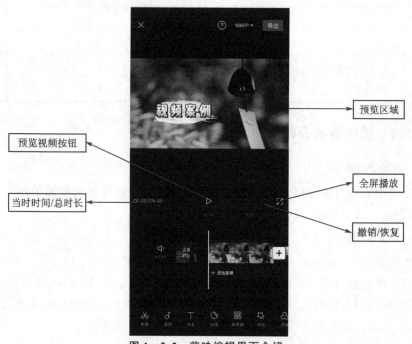

图1-5.2 剪映编辑界面介绍

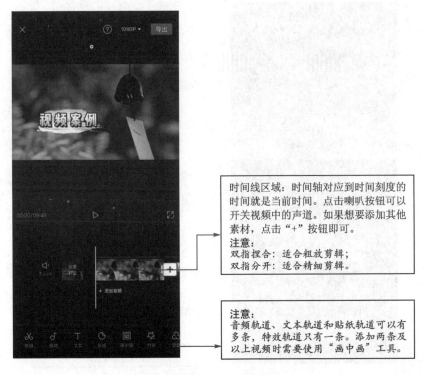

图 1-5.3　剪映时间线区域和工具栏区域

5.3.3　剪映 APP 后期剪辑的注意事项

1．设置视频比例

视频比例指的是在水平位置上画面的宽度与高度的比值。画面比例(见图 1-5.4)包括素材比例和播放器画面比例。当前,大多数智能手机竖屏拍摄时的画面比例是 9∶16,横屏拍摄时的画面比例是 16∶9。常见的手机播放器比例是 9∶16,电脑端的播放器比例是 16∶9。

选择正确的视频比例是制作视频的第一步,视频拍摄的比例、剪辑的比例以及发布的比例必须完全匹配才能达到最佳的观影效果。

2．使用画中画工具

手机剪映中导入多轨道视频素材需要使用功能区域中的画中画工具,如图 1-5.5 所示。

3．添加处理字幕

导入视频素材后,在界面下方的功能区域点击"T"文本工具后进入文本的属性工具区域,如图 1-5.6 所示。

新建文本后,屏幕下方区域会出现文本样式、花字、气泡和动画工具,用户可以对文字进行编辑和动态处理,如图 1-5.7 所示。

比例工具：剪映中包括原始（原始素材的比例）、9:16（微电影比例）、16:9、1:1、4:3、2:1等十种画面比例。确定画面比例后，监视器也会随之变成匹配的画面比例。导入素材后，素材画面大小可以通过手机的缩放功能任意调整。

图1-5.4　剪映比例工具

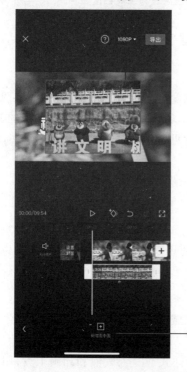

"新增画中画"工具：点击后可以添加视频素材。添加完成后，监视器中会出现两个或多个画面，工作区域会多出一个轨道，底部的工具栏也会变成画中画的属性工具，可以对导入的画面进行修改和编辑。
注意：
新添加的视频层级高，会覆盖上一层的视频素材内容。如果想要改变视频素材的层级属性，则可以选中画中画属性工具中的层级属性进行修改。

图1-5.5　剪映"新增画中画"工具

注意：
为了提高编辑效率，可以通过"识别字幕"工具自动识别字幕，然后再对字幕进行校对。

图 1-5.6　剪映文本的属性工具区域

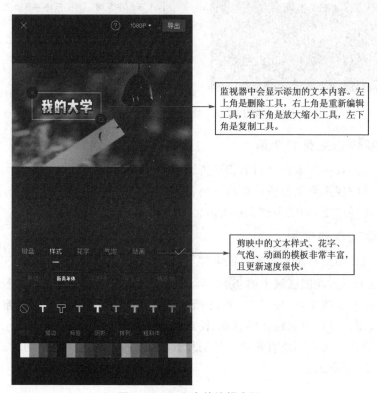

监视器中会显示添加的文本内容。左上角是删除工具，右上角是重新编辑工具，右下角是放大缩小工具，左下角是复制工具。

剪映中的文本样式、花字、气泡、动画的模板非常丰富，且更新速度很快。

图 1-5.7　文本的编辑介绍

点击添加文本后,主轨道上会相应添加文本轨道(见图1-5.8),文本的属性工具栏包括:分割、复制、样式、文本朗读、删除等。

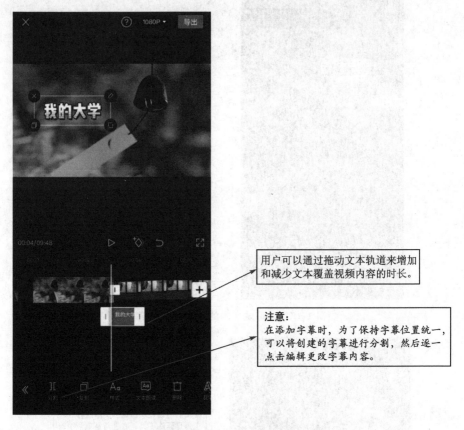

图1-5.8 文本的编辑介绍

4. 视频转场工具的使用

视频转场工具可使素材之间的切换更加流畅、自然,如图1-5.9所示。

转场工具的应用界面包括:基础转场、运镜转场、特效转场、MG转场、幻灯片、遮罩转场多种转场应用,如图1-5.10所示。

5. 音效工具的使用

剪映中的音频素材添加方式有很多种,最常用的是在视频轨道下方点击添加音频工具,或者点击下方功能区域中的 图标,即可添加音频素材。点击添加音频后,操作界面下方会出现音频工具,如图1-5.11所示。剪映中的音频资源非常丰富,且添加方式十分灵活,用户可以根据制作的需要,任意选择添加音频的方式。

剪映中的音频时长不能直接通过拖动拉长,只能通过变速和复制的方式延长或缩短,如图1-5.12所示。

图 1-5.9 视频转场工具介绍

在剪映中导入多段视频或图片素材后，素材之间会出现一个白色的图标，点击之后即可进入转场工具的应用界面。

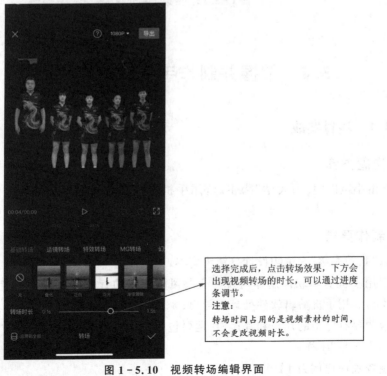

选择完成后，点击转场效果，下方会出现视频转场的时长，可以通过进度条调节。
注意：
转场时间占用的是视频素材的时间，不会更改视频时长。

图 1-5.10 视频转场编辑界面

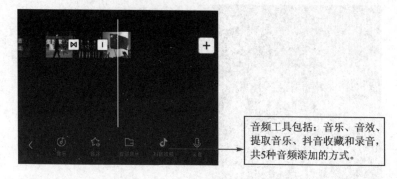

图 1-5.11　音频编辑工具介绍

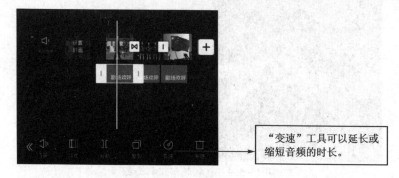

图 1-5.12　变速工具介绍

5.4　掌握并制作手机微电影作品

5.4.1　项目实战

1. 选题方案

请学生小组以"我的大学"为主题,用手机拍摄并剪辑一段 2 分钟左右的微电影作品。

2. 制作要求

➢ 以"我的大学"为主题设计分镜头脚本;

➢ 使用手机剪辑软件制作与视频主题风格统一的背景音乐、画外音和字幕,视频素材利用手机剪辑软件处理后导出;

➢ 视频要有完整的片头和片尾,片尾要包含制作者姓名、小组分工和"手机微电影制作作品"字样;

➢ 视频画面比例为 16∶9。

5.4.2　项目制作步骤

在前期准备阶段,根据项目要求,小组讨论并确定拍摄主题和剧本大纲,根据确定的拍摄主题制定分镜头脚本,并按照分镜头脚本分工合作完成前期视频和音频素材的拍摄和采集工作。

素材采集完成后,进入后期剪辑阶段,具体步骤如下:

步骤1:按照项目的作品时长,剪辑并编辑背景音乐。

步骤2:使用手机录音软件或剪映中的录音工具录制解说词。

步骤3:合成编辑完成的背景音乐和解说词素材,并导出音频文件。

步骤4:新建项目并导入编辑完成的音频文件。

步骤5:按照分镜头脚本的设计,结合音频文件中解说词的内容,对视频或图片素材进行编辑,完成粗剪工作。

步骤6:进一步修改并调整音视频素材,完成精剪工作。

步骤7:添加视频的转场效果。

步骤8:预览文件,并调整细节。校对无误后合成并导出视频文件。

步骤9:新建项目,导入视频文件,并添加字幕。

注意:字幕的添加可以使用手动添加,也可以使用文本工具中的 功能,自动添加字幕。

步骤10:字幕校对完成后,合成并导出视频文件。

步骤11:按照项目要求,制作片头和片尾,并分别合成后导出文件。

步骤12:新建项目,按照顺序合成正片、片头和片尾,认真校对后,合成导出视频。

第 6 章　宣传动画制作

自从微信应用号发布之后，HTML5 技术需求量达到了前所未有的高度。H5 是 HTML5 的简称，是一系列制作网页互动效果的技术集合，是移动端的 Web 页面。随着移动端快速占领互联网市场，活动邀约、品牌宣传、引流吸粉、数据收集、电商促销、人才招聘等 H5 场景下的应用需求越来越多。

本章通过一个个人简历的制作(H5 应用案例)，使读者了解移动端 Web 页面制作需要解决的主要问题，掌握易企秀软件的使用，最后通过完成综合案例，掌握使用计算机技术解决工作和生活中问题的方法。

6.1　从制作者的角度认识易企秀

很多人都在手机上收到过诸如婚礼邀请、调查问卷、产品介绍、公益宣传等网址链接或者二维码，打开之后是一个手机端的 Web 页面，这些页面多数制作精美、操作使用方便，且相对传统的纸质邀请函、调查问卷、宣传页时效性高，节能环保。

6.1.1　易企秀简介

易企秀是北京中网易企秀科技有限公司的产品，注册网址是 http://www.eqxiu.com/。

易企秀通过人工智能、大数据、云计算、HTML5、SaaS 等新技术，打造人人会用的创意设计软件，从创意设计入口出发，不断丰富产品矩阵，形成创意策划—设计制作—推广分发—数据分析—集客管理的轻营销闭环。

易企秀内置 H5、轻设计、长页、易表单、互动、视频六大品类编辑器和数十款实用小工具，产品简单好用，让毫无技术和设计功底的用户，通过简单操作就可以生成酷炫的 H5 场景下的海报图片、营销长页、问卷表单、互动抽奖小游戏和特效视频等各种形式的创意作品，并支持快速分享到社交媒体开展营销。

易企秀可以满足企业活动邀约、品牌宣传、引流吸粉、数据收集、电商促销、人才招聘等多媒体多场景的营销需求。企业可以借助易企秀平台，打造创意内容供给链，通过社交分享裂变，盘活私域流量。

6.1.2　制作者眼中的易企秀

很多易企秀作品展现给大家的是精美的图片、酷炫的动画效果、动听的背景音乐，给人以强烈的视觉、听觉冲击。

但在制作者的眼中,易企秀作品是由一个一个的页面组成的,页面由文本、图片、视频、地图、二维码以及特效等许多组件组成。制作者把自己作品的内容放在组件中,用拖拉拽的方式进行合理的排列组合,再添加相应的动画效果,就能比较容易地做出精美的作品,然后通过网址链接、二维码或小程序码等方式分享给他人。

6.2 易企秀制作基础

用户在注册并登录易企秀之后,单击创建设计,创建类型选择 H5,然后选择空白创建,就可以看到如图 1-6.1 所示的创作页面了。

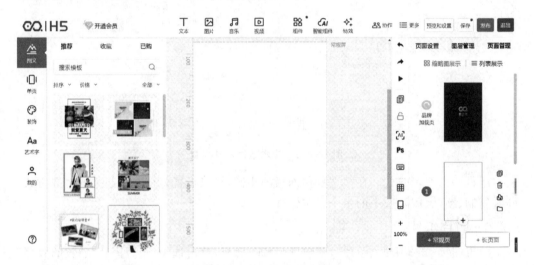

图 1-6.1 易企秀 H5 作品创作页面

6.2.1 组　件

单击页面上的各种组件,就可以把组件添加到自己的作品中。下面讨论易企秀中的各种组件。

1. 文本组件

用户单击文本组件按钮,可以在作品中添加一个文本组件。双击文本组件,可以修改文本的内容。在右侧的"组件设置"窗口中,可以设置文本的字体、字号、颜色、透明度等,如图 1-6.2 所示。

单击文本组件的同时移动鼠标,可以将文本组件拖动至任意理想位置。单击文本组件,按下 Delete 键即可删除该文本组件,右击文本组件后,在弹出的面板中单击删除也可删除该文本组件。若同时创建了多个文本组件,单击选中其中一个文本组件后,按下 Shift 或 Ctrl 键的同时单击其余文本组件,则此时可以在多选操作面板中对这多个

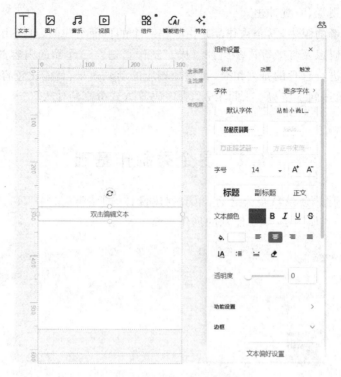

图 1-6.2 文本组件及其配置

文本组件一同编辑样式。在多选操作面板的头部,可以设置多个文本组件的对齐方式,同时复制、粘贴、删除选中的多个文本组件。

2. 图片组件

单击图 1-6.3 中的"图片",弹出"图片库"面板,单击选中"正版图片"、"我的收藏"或"我的图片"中的任意一个,然后从中单击你想要添加的图片,就可以添加图片组件。

在图片库面板中,可以选择从手机、电脑上传图片。单击手机上传,扫描二维码即可上传。单击本地上传,从本地电脑选择图片上传。图片上传后,就可以在我的图片中选择上传图片将其添加到编辑器中了。

在组件设置面板中单击更换图片,会弹出图片库面板,然后就可以从正版图片、我的收藏或我的图片中选择你想要更换的图片。

在组件设置面板中单击裁切图片,会弹出图片裁切面板,在裁切形状处选择图片想要裁切成的形状,在裁切比例处选择图片想要裁切成的宽度与高度的比例,拖动虚线框以选择裁切后图片想要保留的部分。

单击图片组件的同时移动鼠标,可以将图片组件拖动至任意理想位置。

单击图片组件,按下 Delete 键即可删除该图片组件,或右击图片组件后,在弹出的面板中单击删除也可删除该图片组件。

图1-6.3　图片组件的添加

3. 页面背景

在"页面设置"→"背景设置"部分,可以选择添加图片来给作品的页面添加一个背景,如图1-6.4所示。当然也可以选择纯色来当作背景。

图1-6.4　页面背景设置

单击添加图片后,进入图片库面板,可以选择从手机、电脑上传图片。单击手机上传,扫描二维码即可上传。单击本地上传,从本地电脑选择图片上传。图片上传后,就可以在图片库中选择作为背景的图片了。

如果选择的图片尺寸不完全合适,系统进入背景裁切面板。拖动虚线框选择裁剪后要保留的部分,然后单击确定按钮即可。

打开页面设置面板,单击更换图片,进入图片库面板,可以从中选择想要更换的图片;单击删除图片,可以删除背景图片。

注意:背景位于图层最底层,覆盖全屏。背景会自动适配不同尺寸的机型,图片可能出现一定程度的拉伸。

4. 音乐组件

在系统主界面上单击"音乐",可以为整个作品添加一个背景音乐。在页面设置里,单击"添加页面音乐",可以为单个页面添加一个背景音乐。

可以从手机、电脑上传音乐。在音乐库面板中,单击手机上传,扫描二维码即可从手机上传音乐。单击上传音乐,即可从电脑中选择音乐上传,通过电脑上传的本地音乐,大小不能超过10M,支持mp3格式。

注意:背景音乐、页面音乐都是自动循环播放。页面音乐优先级高于背景音乐,当二者同时存在时,只播放页面音乐。

5. 音效组件

在如图1-6.5所示的组件集合界面上单击"音效",可以为作品添加一个音效组件。

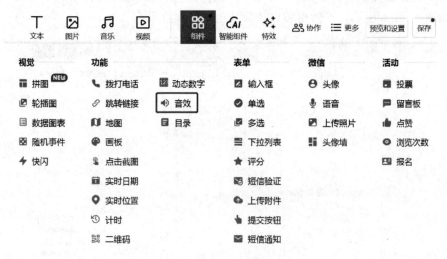

图1-6.5 组件集合

音效功能具有提供短暂声音效果的能力,拥有较强的互动属性,比如用户单击按钮,会发出叮咚的反馈声。用户可以在"组件设置"中单击"添加音效"进入音乐素材库选择合适的音效进行添加。在组件设置中也可以编辑组件的按钮名称及图标样式。

6. 视频组件

单击"视频"可以添加视频组件,可从视频库中添加,也可以从手机或电脑本地上传视频,视频大小不能超过 200 MB。

在添加视频组件后,若要更换视频,则可单击视频组件,在弹出的组件设置面板中单击更换视频即可从电脑本地重新上传新视频。

单击视频组件,在弹出的组件设置面板中选择视频组件的播放形式。如果选择"常规播放",则在生成的 H5 页面中,单击视频按钮即可播放视频;如果选择"触发源播放",则可以给视频添加一个触发源,在生成的 H5 页面中,单击触发源即可播放视频。

在组件设置面板中,可以设置视频组件的透明度、边框、阴影、尺寸与位置等样式,单击循环播放开关可以开启视频循环播放。

选中视频组件的同时移动鼠标,可以将视频组件拖动至任意理想位置。

单击视频组件,按下 Delete 键即可删除该视频组件,或右击视频组件后,在弹出的面板中单击删除也可删除该视频组件。

注意:上传视频大小不能超过 200 MB。视频组件默认大小不是全屏显示,如想全屏播放,请拉伸至手机边框处。

另外,也可以添加外链视频,可复制腾讯视频通用代码添加网络视频。

7. 轮播图组件

在图 1-6.5 所示的界面中单击"轮播图",可以添加轮播图组件。轮播图提供在同一区域轮播多张图片的能力,展示效果非常好。

轮播图中图片的切换有自动切换和手滑切换两种切换形式,选择自动播放后需要配置切换时间。

8. 链接组件

在图 1-6.5 所示的界面中单击"跳转链接",可以添加跳转链接组件。跳转链接相当于在 H5 场景中插入一个外链,单击插入的"跳转链接"可以跳转到其他链接地址。单击该组件后可以跳转到一个链接地址,也可以跳转到场景中的某个页面或者可以直接拨打指定的电话,当然这需要做相应的配置。该组件按钮的样式也可以自定义。

9. 地图组件

在图 1-6.5 所示的界面中单击"地图",可以添加地图组件。地图组件嵌入到 H5 场景中,可以方便浏览者查询具体的位置,同时可以一键导航。

10. 头像墙组件

在图 1-6.5 所示的界面中单击"头像墙",可以添加头像墙组件。头像墙在微信环境中可获取浏览者的微信头像展示在 H5 页面中。

易企秀还有一些其他的用户互动,可以让用户填入信息的组件,如输入框、单选、多选、下拉列表、评分、上传附件等,这些组件功能都相对比较简单,这里就不做过多介绍了,读者可以自己尝试。需要提醒的是,"提交按钮"组件,每个作品只能有一个。

6.2.2 动 画

在易企秀作品中每个组件都可添加动画效果,操作步骤是选中组件后,出现组件设置框,单击"动画"栏,选择"添加动画",再选择制作者想要的动画效果,如图 1-6.6 所示。

添加动画后,在组件设置中的动画栏下面会显示当前组件添加的所有动画,每个动

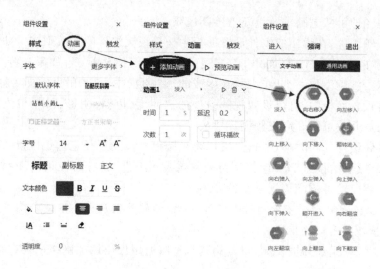

图1-6.6 添加动画

画都有时间、延迟、次数、循环播放4个属性。

① 时间：指的是动画持续时间。时间越长，动画播放越慢；时间越短，动画播放越快。

② 延迟：指的是动画等待时间，比如设置为1 s，意思就是1 s后才播放该动画。

③ 次数：动画执行的次数。

④ 循环播放：动画执行无数次。

易企秀提供用户快捷添加动画的能力，可复制当前组件的动画，粘贴到其他组件中。用户右击已经设置了动画的组件，会出现复制动画按钮；单击这个按钮，此时复制的动画就已经进入到复制面板中了；再选择需要添加的动画组件，右击出现粘贴动画按钮；单击，这个动画就复制过去了。另外，复制动画后，可以多选组件进行粘贴。

在组件多选后，会出现一个多选操作框，在框的右边有个动画栏，在这个动画栏里就可以给多个组件设置动画。

6.2.3 素 材

易企秀为用户提供了大量的素材，用户只需要单击选择合适的素材就可以使用了。素材包括图文和单页等。

1. 图 文

图文多为几个组件的简单组合，有可以直接使用的样式，如图1-6.7所示。

图文默认只可以更换一些简单的样式，比如更换文本颜色、文本内容等。如果要进行细致的编辑，可以右击组件在弹出的菜单中，单击"拆分"，图文就拆分为一个个具体的组件了。

2. 单 页

单页多为众多组件的复杂组合，覆盖整个页面，有可以直接使用的样式，如图1-6.8所示。

图 1-6.7 图 文　　　　　　　　　　图 1-6.8 单 页

用户可以通过输入关键字直接搜索寻找合适的单页。光标悬停或者单击具体的单页模板,会弹出模板的详情,可以查看模板放大样式及动画效果,单击"使用"就可以将模板添加到编辑区。

注意:单页模板会覆盖整个页面,之前已经添加在页面中的组件将被覆盖。

6.3 易企秀高级操作

易企秀作品的组件添加完成后,还需要进行一些高级操作,合理排布和叠放这些组件,以达到更好的效果。

6.3.1 编辑操作

易企秀支持组件的复制、粘贴操作,右击需要复制的组件,再单击"复制",可以复制组件,在作品页面的空白位置右击,再选择"粘贴",可以把组件复制过去,也可以同时选中多个组件再复制、粘贴。

右击组件,选择删除按钮,可以删除组件,也可以先选中组件,再按键盘上的 Del 键删除组件。

单击选中组件,系统出弹出"组件设置"面板,在面板中可对组件进行功能、样式等编辑操作。

按住键盘上的 Shift 或 Ctrl 键,逐一单击多个组件,可以选中多个组件。选中多个组件后,系统会弹出"多选操作"面板,在面板中可以进行样式、位置、旋转和不透明度的设置,也可以进行多种位置对齐操作,还可以为这多个组件添加相同的动画。

组件设置面板里有组件边框的设置选项,可以设置组件边框的样式、颜色和尺寸等。

注意: 只有当边框尺寸大小不为 0 时,边框才能看到。

组件设置面板里有组件阴影的设置选项,可以分别设置内阴影和外阴影。

易企秀所支持的操作快捷键如表 1-6.1 所列。

表 1-6.1 易企秀操作快捷键

快捷键	功 能
Ctrl+C	复制组件
Ctrl+V	在编辑器内粘贴组件,如果在编辑器外复制的图片,也可以使用快捷键添加进编辑器
Ctrl+A	选中所有的组件
Ctrl+D	取消所有的组件选中
Delete	删除选中的组件,选中多个组件也一并删除
Ctrl+Z	撤销回上一步操作
Ctrl+Y	恢复上一次撤销的操作
↑,↓,←,→	这个箭头可以控制选中组件(包括多选的组件)的位置
Ctrl+"+"	放大编辑区,每执行一次放大 25%,范围 50%~400%
Ctrl+"-"	缩小编辑区,每执行一次缩小 25%,范围 50%~400%

在作品编辑页面最右边的操作面板上,有页面管理选项卡,可以增加常规页或长页面,也可删除页面。

注意: 一个作品最多可添加 300 个页面,包括长页和常规页。

在作品编辑页面最右边的操作面板上,有页面设置选项卡,可以设置页面的背景音乐、滤镜效果和翻页方式。

在作品编辑页面最右边的操作面板上,有图层管理选项卡,上面列出了本页面中的所有组件按住组件拖动,可以改变组件的叠放次序。另外,也可以进行组件的分组、复制和删除等操作。分组操作需要按住键盘上的 Ctrl 键,然后逐一单击多个组件,才能进行操作。

6.3.2 预览和设置

在作品编辑页面右上方,有预览和设置按钮,单击之后,可以预览作品的效果,也可以设置作品的标题和描述信息,还可以设置微信分享时的样式和翻页方式,如图 1-6.9 所示。

图 1-6.9 预览和设置

单击"发布"按钮,可以发布作品,如图 1-6.10 所示。

图 1-6.10 发布作品

这里可以得到作品的二维码、小程序码以及网址链接,这样就可以去各个平台分享作品了。

6.4 综合案例:个人简历宣传动画的制作

在网上搜索合适的背景图片,再添加文本、图片等素材,设置各素材的叠放次序并添加合适的动画,就可以很容易地做出一份精美的个人简历 H5,如图 1-6.11～图 1-16.13 所示。

图 1-6.11　个人简历第一页

图1-6.12　个人简历第二页　　　　图1-6.13　个人简历第三页

第7章 就业职位的精准检索与分析

商业智能(Business Intelligence,简称 BI),又称商业智慧或商务智能,指用现代数据库技术、线上分析处理技术、数据挖掘和数据展现技术进行数据分析以实现商业价值。大数据时代的到来不仅让越来越多的人意识到"数据"的重要,同时,得益于数据科学和智能算法的进步,商业智能也正式走入大众视野。如果说传统 BI 是管理者通盘了解企业的路径,通过各类数据呈现企业的过去与现状,那么,未来企业 BI 的需求落点则是在于新业务的发现、预测与印证。

7.1 就业岗位分析背景介绍

每逢就业,大家总是有这样的问题:什么岗位好?哪座城市适合发展?哪里岗位多?岗位发展前景如何?等等。

身处大数据时代下的我们,应该利用大数据的一些技术进行分析,得到我们想要的答案。

7.1.1 商业智能简介

提到"商业智能"这个词,网上普遍认为是 Gartner 机构于 1996 年第一次提出来的,但事实上 IBM 的研究员 Hans Peter Luhn 早在 1958 年就用到了这一概念。他将"智能"定义为"对事物相互关系的一种理解能力,并依靠这种能力去指导决策,以达到预期的目标。"

商业智能通常被理解为将企业中现有的数据转化为知识,帮助企业做出明智的业务经营决策的工具。这里所谈的数据包括来自企业业务系统的订单、库存、交易账目、客户和供应商等来自企业所处行业和竞争对手的数据以及来自企业所处的其他外部环境中的各种数据。而商业智能能够辅助的业务经营决策,既可以是操作层的,也可以是战术层和战略层的。为了将数据转化为知识,需要利用数据库、联机分析处理(OLAP)工具和数据挖掘等技术。因此,从技术层面上讲,商业智能不是什么新技术,它只是数据库、OLAP 和数据挖掘等技术的综合运用。

可以认为,商业智能是对商业信息的搜集、管理和分析过程,目的是使企业的各级决策者获得知识或洞察力(Insight),促使他们做出对企业更有利的决策。商业智能一般由数据库、联机分析处理、数据挖掘、数据备份和恢复等部分组成。商业智能的实现涉及软件、硬件、咨询服务及应用,其基本体系结构包括数据库、联机分析处理和数据挖掘三个部分。

因此,把商业智能看成是一种解决方案应该比较恰当。商业智能的关键是从许多来自不同的企业运作系统的数据中提取出有用的数据并进行清理,以保证数据的正确性,然后经过抽取(Extraction)、转换(Transformation)和装载(Load),即 ETL 过程,合并到一个企业级的数据库里,从而得到企业数据的一个全局视图,在此基础上利用合适的查询和分析工具、数据挖掘工具大数据魔镜、OLAP 工具等对其进行分析和处理,为管理者的决策过程提供支持。

7.1.2 BI 工具

BI 工具是商业智能实现中的重要一环,目前市面上常见的 BI 工具有 tableau、powerbi,以及国产的 FineBI,本书主要介绍 FineBI。

FineBI 是帆软软件有限公司推出的一款商业智能产品,本质是通过分析企业已有的信息化数据,发现并解决问题,辅助决策。FineBI 的定位是业务人员、数据分析师自主制作仪表板,进行探索分析。可视化探索分析面向分析用户,让他们能够以最直观且快速的方式,了解自己的数据,发现数据问题的模块。用户只需要进行简单的拖拽操作,选择自己需要分析的字段,几秒内就可以看到自己的数据,通过层级的收起和展开,下钻取和返回上层,可以迅速地了解数据的汇总情况。

1. FineBI 的安装与启动

FineBI 支持安装在 Windows、Linux 和 Mac 三大主流操作系统上,FineBI 官网提供了最新版本的安装包文件,下载网址:https://www.finebi.com/product/download,如图 1-7.1 所示。其中 Windows 操作系统仅支持 64 位版本安装包。FineBI 还支持移动端应用,支持在手机、平板等移动数字终端设备上进行数据可视化操作。

图 1-7.1 FineBI 安装包下载

FineBI 软件在本地计算机上以"浏览器/服务器"(B/S)形式安装和运行,用户通过浏览器打开默认的本机网址,通过用户名、密码登录后进行分析操作,分析结果通过网页形式发布和分享,这样只需要联网,使用浏览器即可访问分析内容,数据用户不需要预装软件,也不受终端操作系统的限制。

安装FineBI对计算机的操作系统、CPU、JDK版本、内存等均有要求,具体的要求和安装步骤可以参考FineBI帮助文档《FineBI安装与启动》。

安装成功后,可以通过单击桌面上的快捷图标,或者单击安装目录下的FineBI启动文件"%FineBI%/bin/finebi.exe"启动FineBI。若未注册,则启动FineBI会要求填写激活码,按照向导指引单击链接后即可免费获取。FineBI自身配置了Tomcat的服务器环境,FineBI启动后,Tomcat服务器开启,并自动弹出浏览器地址:http://localhost:37799/webroot/decision 打开BI决策平台。

2. 认识FineBI操作界面

首次使用FineBI数据决策系统进行数据分析时,需要初始化系统,包括管理员账号设置和数据库设置,具体步骤可参考FineBI帮助文档《初始化设置》。

完成初始化设置后,便可使用设置的用户名和密码登录FineBI数据决策系统平台。FineBI数据决策系统的主界面如图1-7.2所示。

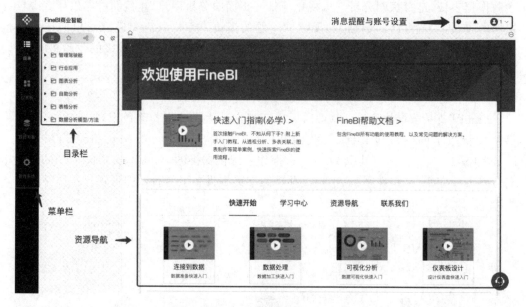

图1-7.2　FineBI数据决策平台主界面

主界面分为菜单栏、目录栏、资源导航,以及右上角的消息提醒与账号设置四个区域。

(1)菜单栏

菜单栏设有"目录""仪表板""数据准备""管理系统"四项功能菜单。打开FineBI后默认选中"目录"菜单,并在右侧显示对应的目录栏。

"仪表板"菜单用于前端的分析,作为画布或容器,可供业务员创建可视化图表进行数据分析。

"数据准备"菜单用于管理员从数据库获取数据到系统并准备数据,业务员进行数据再加工处理,可对业务包、数据表、自助数据集等资源进行管理。

"管理系统"为管理员提供数据决策系统管理功能,支持目录、用户、外观、权限等的管理配置。

"创建"可以让用户快捷新建数据连接、添加数据库表、添加 SQL 数据集、添加 Excel 数据集、添加自助数据集、新建仪表板。

(2) 目录栏

目录栏可单击展开或者收起,展开后显示模板目录,选择对应模板单击即可查看。FineBI 在展开的目录栏上方提供了收藏夹、搜索模板、固定目录栏等功能选项。

(3) 资源导航

资源导航区提供了 FineBI 的产品介绍和入门教程等资源入口,供用户参考、学习使用。

(4) 消息提醒与账号设置

消息提醒会提示用户系统通知的消息,账号设置可以修改当前账号的密码,也可以退出当前账号返回 FineBI 登录界面。

7.2 FineBI 的基础使用

按照数据的处理流程和操作角色的不同,使用 FineBI 做数据分析与可视化可以分为数据准备、数据加工、可视化分析三个阶段,其中每个阶段又可以作为独立的一环,前一阶段的输出可以作为下一阶段的输入。

7.2.1 数据连接

在连接数据源之前,需要了解一下 FineBI 中数据表的存放方式。分组和业务包是 FineBI 的数据管理方式,如图 1-7.3 所示,分组和业务包都可以理解为文件夹,分组和业务包的关系就相当于上层文件夹和下层文件夹的关系,业务包中可以存放用户定义的数据连接数据库中取的数据或者上传的 Excel 数据,也就是用户需要使用进行分析

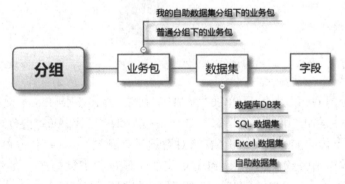

图 1-7.3　FineBI 数据表的组织结构

的数据表。一个分组,可以包含多个业务包。

业务包通过 FineBI 定义的数据连接向数据库中取数。业务包中包含了连接数据库所获取的数据表。若为非实时数据表,则业务包在数据更新以后将获取到的数据保存在本地,BI 分析从本地取数。实时数据的数据表中保存了获取连接数据库数据的一系列 SQL 配置等,在模板分析时生成相应的 SQL 语句向数据库查询。

1. 连接 Excel 数据源

Excel 采用了工作簿形式存储数据,在使用时可以直接在"数据准备"里导入到分析软件中,不需要额外建立数据连接。

① 在 FineBI 中选择"数据准备"模块,右侧出现"数据列表",显示当前用户可以使用的分组和业务包 如图 1-7.4 所示。

② 接下来以创建 GDP 分组为例,说明 Excel 数据源的使用。在图 1-7.4 界面中选择"添加分组"按钮,输入分组名称 GDP,然后单击该分组名称,选择"添加业务包"按钮,输入业务包名称"全国 GDP"(业务包名称不可重复)。光标位于分组或业务包时,右侧显示"…",可以对它进行重命名或删除。

③ 单击业务包名称,即可进入数据列表界面,如图 1-7.5 所示。单击"添加表"按钮,弹出下拉菜单,选择"Excel 数据集"。

图 1-7.4 数据列表界面(1)

图 1-7.5 数据列表界面(2)

如选择"全国 GDP"业务包,单击"添加表"按钮,弹出上传 Excel 文档的界面,如图 1-7.6 所示。单击"继续上传"按钮,选择"各省 GDP 增速.xlsx"文件,完成上传后,界面左侧显示上传的 Excel 表结构,右侧对数据进行预览。第一列"省份"被识别为文本型,其余列被识别为数值型,可以单击对应的字段进行类型修改。在界面上方修改"表名"为"GDP 增速",单击"确定"按钮即可完成数据表的创建。

④ 依次上传"生产总值""消费价格"两个工作簿的数据到业务包中。如果后期数

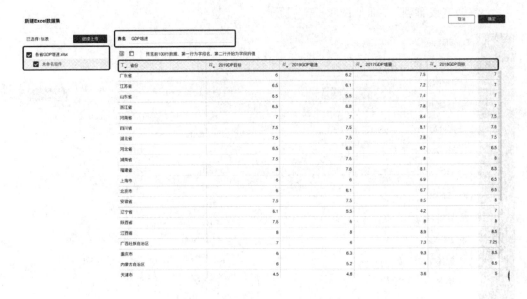

图 1-7.6 上传 Excel 文档并预览

据有更新,可以通过图 1-7.7 右侧的"更新 Excel"按钮,重新打开对话框,对 Excel 数据集进行追加或更新。

图 1-7.7 上传多个 Excel 数据集

追加上传指的是在原先 Excel 数据表的基础上上传 Excel 增加数据,重新上传则为替换掉原先的数据上传新的 Excel。

2. 连接 MySQL 数据源

FineBI 支持从 MySQL 这类关系型数据库中获取数据进行分析,并且为这些数据库系统提供了一个统一的管理和设置界面。在进行"业务包"添加"数据集"之前,需要通过"管理系统"模块中的"数据连接"→"数据连接管理"进行数据源设置,方便数据集获取。

"数据连接管理"界面如图1-7.8所示。

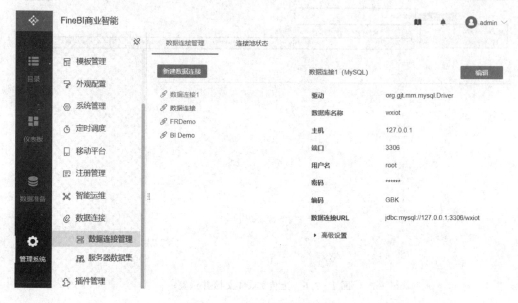

图1-7.8 "数据连接管理"界面

在FineBI中可以选择众多的数据源,但其设置的基本过程相同,接下来以MySQL数据源为例,说明连接过程。

① 在图1-7.8所示的界面中选择"新建数据连接"按钮,打开数据源类型选择界面,如图1-7.9所示。常用选项卡列表中包括了Hsql、DB2、SQL Server、MySQL、Oracle五种类型,选择左侧的"所有"按钮,可以查看系统支持的所有数据库类型。

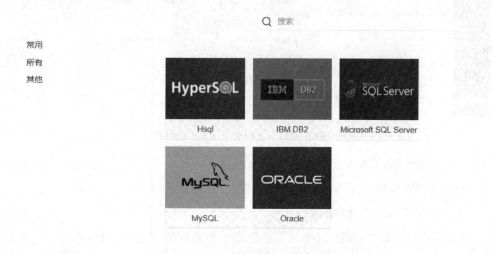

图1-7.9 选择数据库类型

② 选择MySQL,进入数据库连接的相关参数设置界面,如图1-7.10所示。

图 1-7.10 数据库参数设置

一般设置数据库的参数包括:
- 数据库名称:一个数据库管理系统可以包括多个数据库,因此连接需要知道具体的数据库名称。
- 主机:如果分析数据来自本机,则填 hostname;如果是网络中的其他机器,则填 IP 地址。
- 端口:数据库系统软件绑定的通信端口,这是远程访问必须的。
- 用户名:有权限访问该数据库的用户名。
- 密码:数据库用户对应的密码。
- 编码:数据库存储字符时一般要确定一个编码,如果不清楚,则可以询问数据库管理员或者选择"自动"尝试。

③ 设置完成后,在业务包界面中单击"添加数据表",选择"DB 数据库表"打开"数据库选表"界面,如图 1-7.11 所示。

④ 设置完毕后,可以选择图 1-7.10 右上角的"测试连接"进行数据库连接测试,成功后选择"保存"按钮,相关数据库连接将会出现在图 1-7.8 所示的界面中。

⑤ 最后,回到"数据准备"→"业务包"模块界面(见图 1-7.5),选择"添加表"按钮,在弹出的下拉菜单中选择"DB 数据表",即可打开图 1-7.11 所示界面,进行选表。

在图 1-7.11 所示的界面中,用户可以选择数据分析所需的多个数据表,单击"确定"按钮,即把相应的数据记录从源数据库中导入到分析软件的数据库中,以免 FineBI 的数据分析可能给源数据库带来性能方面的影响。

图 1-7.11 "数据库选表"界面

3. 添加 SQL 数据集

在实际工作中,需要分析的数据集可能来自不同数据库的不同数据表中,在分析前需要进行数据的合并。FineBI 提供了一个"SQL 数据集"功能,通过组合查询,实现对数据的合并,并生成对应的数据集。

① 单击"添加表"选择"SQL 数据集",如图 1-7.12 所示,将弹出 SQL 数据集界面,如图 1-7.13 所示。

图 1-7.12 选择"SQL 数据集"

② 在图 1-7.13 所示的界面中,左侧 SQL 语句框内,可以按 SQL 语句进行输入,通常在这里可以使用数据库的标准 SQL 语句,提取数据库中的数据。不过,这需要使用者具备 SQL 语句的知识,并对所连接的数据库表结构有一定的了解。

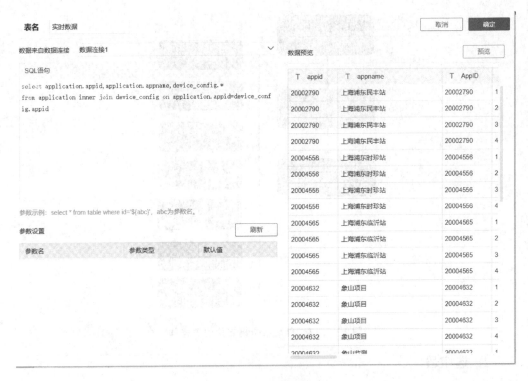

图 1-7.13 SQL 数据集

7.2.2 数据加工

在进行数据分析时,有些分析指标所需要的数据字段不是原数据源能够直接提供的。此时,可以通过自助数据集,将 Excel 数据集与 DB 数据集进行融合,通过选取字段、构建新字段等操作,生成一个适用于数据分析的数据集。

自助数据集是指对分布的、异构数据源中的数据,比如关系数据等底层数据进行一定的处理和加工,或者对已有的数据进行业务方面的自助探索和分析,将处理后的表保存到业务包中,作为后续数据可视化的基础。创建自助数据集所支持的表操作如图 1-7.14 所示。

这里,需要用到 FineBI 自带的数据连接 FRDemo,内容中涉及的所有表名都默认带前缀"FRDemo_"。

① 创建一个名为"业务分析"的分组,在该分组下创建"销售数据表"的业务包,单击该业务包,选择"添加表"→"DB 数据库表"打开"数据库选表"界面,在左侧选择 FRDemo。

② 在右侧选中所有的数据表,单击"确定"按钮,将所有的数据表都添加到业务包下,再选择"业务包更新"按钮,打开对话框单击"立即更新该业务包"。

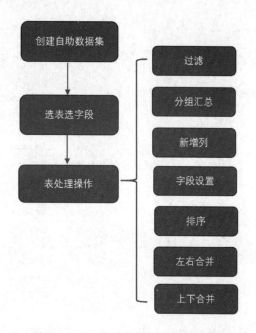

图 1-7.14　自助数据集支持的表操作

1. 选字段

FineBI 自助数据集使用时首先需要选择字段，然后才能做一系列数据加工分析的操作。选择字段指将需要做数据加工处理的字段添加进来，不需要的表和字段不用添加。这样的操作方式增强了实用性，加快了处理速度。同时自助数据集可对创建了关联的两个数据集进行跨表选字段。

在"订单明细表"中包括"订单 ID""产品 ID""单价""数量"等信息，数据如图 1-7.15 所示。在"产品"中包括"产品 ID""产品名称""供应商 ID"等，数据如图 1-7.16 所示。

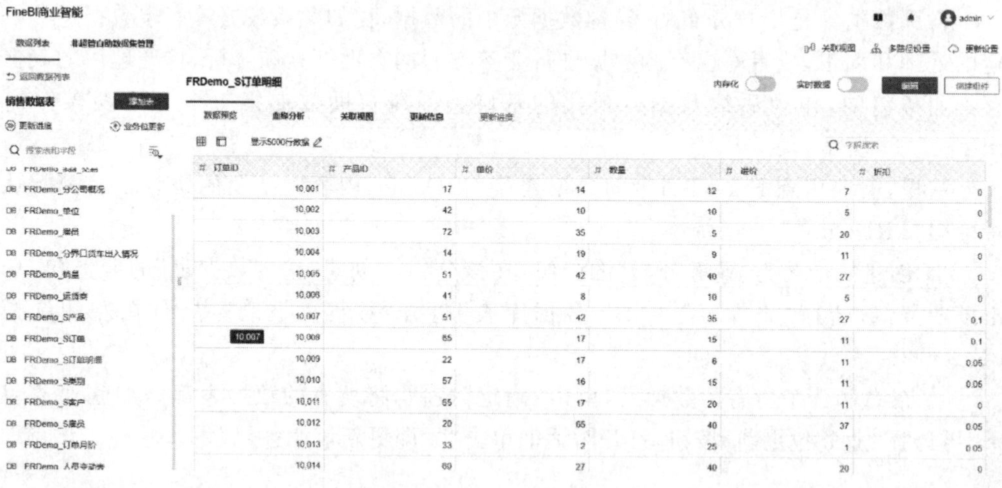

图 1-7.15　订单明细表

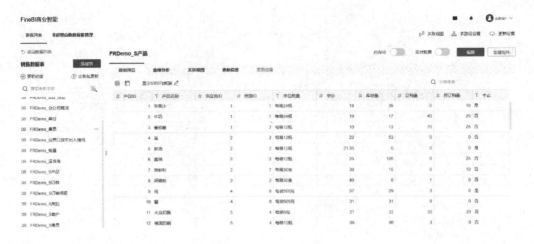

图 1-7.16 产品表

① 下面以"FRDemo_S 订单明细"数据表和"FRDemo_S 产品"数据表为例,说明如何在两个表之间选择字段。在多个表之间选取字段,需要在表之间进行关联。在"产品"中选择"关联视图",单击"添加关联"按钮,弹出如图 1-7.17 所示的对话框。

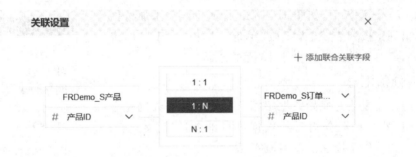

图 1-7.17 关联设置

② 在左侧下拉列表中选择"产品 ID",右侧先选择关联的表"FRDemo_S 订单明细",再选择字段"产品 ID"。中间选择"1∶N",表示两个表之间通过"产品 ID"进行关联,"1∶N"表示 1 个产品在 N 个订单中被引用。单击"确认"按钮,结果如图 1-7.17 所示。

③ 单击"更新业务包"按钮更新业务包信息,单击"添加表"→"自助数据集",选择"产品表",并在右侧勾选产品内的字段,如"产品 ID""库存量""产品名称",选择与产品表关联的"订单明细表",并勾选"单价""数量"字段,并输入新的表名,单击右上角"保存"按钮完成数据集的创建,如图 1-7.18 所示。

2. 过 滤

过滤用于在数据集中进行筛选,排除在数据分析中无效的记录。在上述自助数据集中,要排除单价小于 10 元的商品销售数据,操作过程如下:

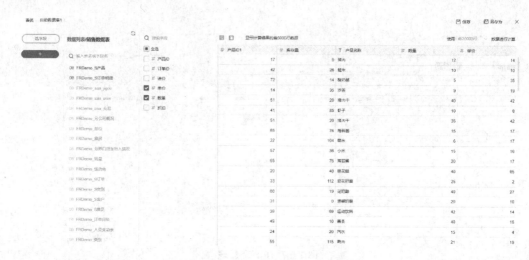

图 1-7.18　在关联中勾选字段

① 在如图 1-7.19 所示的界面中需要单击"＋"按钮，在弹出的菜单中选择第一项"过滤"。

② 打开过滤界面，如图 1-7.20 所示，单击"添加条件（且）"，出现字段列表，选择字段"单价"，选择"大于""固定值""10"，即可筛选出单价大于 10 元的产品。

3. 分组汇总

分组汇总是指对原始数据根据条件将相同的数据先合并到一组，然后按照分组后的数据进行汇总计算。FineBI 中通过设置分组字段和汇总字段实现。

选择"订单表"把"产品 ID"字段拖放到分组栏位置，把数量字段拖放到汇总栏位置，单击"数量"字段下拉列表选择求和。完成的分类汇总效果如图 1-7.21 所示。

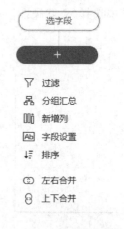

图 1-7.19　操作菜单

4. 新增列

新增列是指业务人员在不影响原数据的情况下通过对现有数据列计算而得到的一个新的数据列，保存在业务包中以供后续业务分析使用。比如数据格式的转化、时间差、分组赋值等就可以使用新增列功能。

例如，在订单表中有订购时间和发货时间，如果要计算配送周期（天数），则要用发货时间减去订购时间。

① 在业务包中选中"订单"表，单击表名右侧的"…"按钮，选择"编辑"命令，打开对应表的编辑界面，如图 1-7.22 所示。我们可以看到"订货日期""到货日期""发货日期"都是文本型，为后面计算需要，单击"字段类型"的下拉列表，将这些字段类型改为"日期型"。单击右上角的"保存"按钮，保存设置。

图 1-7.20 "过滤"条件设置

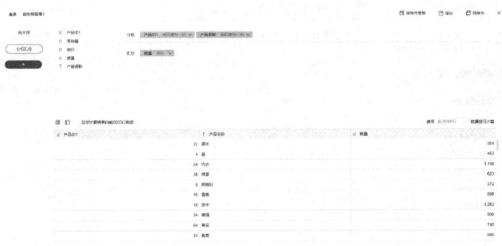

图 1-7.21 设置"分类汇总"

② 创建"自助数据集",选择"订单"表,选择"订单 ID""订购日期""发货日期"三个字段,再选择"添加列",打开新增列名对话框,如图 1-7.23 所示。

③ 输入新增列名:"配送天数",选择"时间差",在右侧选择"发货日期""订购日期",结果选择"天"。单击"确定"按钮,这样就完成了一个新增字段"配送天数"。我们在界面可以获取配送天数,如图 1-7.24 所示。

5. 字段设置

有时用户需要对已经选择在自助数据集中的字段进行一些处理,比如取消选择该字段或者修改字段名称。

图 1-7.22　订单表的字段设置

图 1-7.23　新增列名"配送天数"

例如,对图 1-7.21 分类汇总以后的结果,字段名"数量",改为"数量总计",如图 1-7.25 所示。

6. 排　序

有时用户需要在原数据表的基础上新增一张表对字段进行重新排序并保存以供后续分析使用。FineBI 提供了排序功能来对数据库中的字段进行重新排序,业务人员可以直接在原数据表的基础上新增一张表对字段进行重新排序并保存以供后续分析使用。

图 1-7.24 预览"配送天数"

图 1-7.25 字段设置

例如,对分类汇总显示的结果,我们需要以产品 ID 来排序,便于后期用可视化图形显示时能够按确定的顺序。

选择"排序"命令,在右侧单击"添加排序列",选择产品 ID 字段,即可以实现对汇总的数据进行排序,如图 1-7.26 所示。

图 1-7.26 排序设置

7. 字段合并

(1) 左右合并

在实际使用数据的过程中经常会有需要将两张表合在一起形成一张新表使用的情

况,假如有这样两张数据表,Table A:记录了学生姓名、英语成绩;Table B:记录了学生姓名、数学成绩。如果想在一张表中就看到学生的姓名、数学成绩和英语成绩,则可以使用左右合并拼接。不同的合并方式如图 1-7.27 所示。

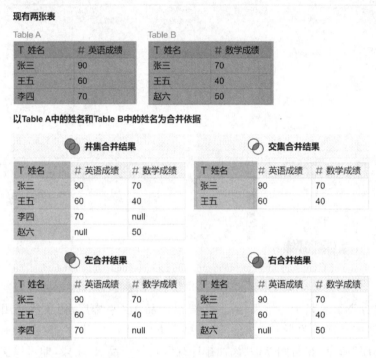

图 1-7.27 不同合并方式效果

在示例数据库有"FRDemo_雇员"和"FRDemo_S 雇员"两个表,都包含雇员数据,不过字段不一样,记录数据也不相同。现在将两表数据进行合并,创建自助数据集"全体雇员"。

① 在"FRDemo_雇员"选择字段"雇员 ID、出生日期、地址、性别、姓名",然后选择"左右合并",选择"FRDemo_S 雇员"的"雇员 ID、姓名、姓氏、职务"字段。单击"确定"按钮完成设置,界面如图 1-7.28 所示。选择并集合并后的结果如图 1-7.29 所示。

图 1-7.28 合并时依据的字段

② 根据需要可以在左侧选择不同合并方式,默认情况下,FineBI 会将两个表的同名同类型字段作为合并处理的对象。

#	雇员ID	出生日期	地址	性别	姓名	姓氏	职务
	1	1979-12-08 00:00:00	复兴门245号	女	张颖	张	销售代表
	2	1985-02-19 00:00:00	罗马花园890号	男	王伟	王	副总裁(销售)
	3	1983-08-30 00:00:00	芍药园小区78号	女	李芳	李	销售代表
	4	1988-09-19 00:00:00	前门大街789号	男	郑建杰	郑	销售代表
	5	1975-03-04 00:00:00	学院路78号	男	赵军	赵	销售经理
	6	1986-07-02 00:00:00	阜外大街110号	男	孙林	孙	销售代表
	7	1985-05-29 00:00:00	成府路119号	男	金士鹏	金	销售代表
	8	1988-01-09 00:00:00	建国门76号	女	刘英玫	刘	内部销售协调员
	9	1989-07-02 00:00:00	永安路678号	女	张雪眉	张	销售代表
	10	1965-11-21 00:00:00	健康路190号	女	李朋丽	陈	销售代表

共 18 条数据

图 1-7.29　并集合并结果

(2) 上下合并

可能存在这样的情况：一家公司由于历史原因，把订单信息分开存储在了多个地方，不同分公司独立存储，导致信息并不通畅。那么在 FineBI 中就可以使用上下合并将数据表拼接成一个，把所有订单信息协调在一起。合并的效果如图 1-7.30 所示。需要注意，上下合并通常适用于两表结构相同的情况。

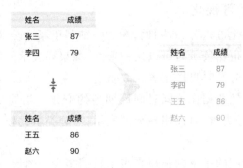

图 1-7.30　上下合并效果

7.2.3　数据可视化

大数据时代，各行各业越来越重视数据价值，通过可视的、交互的图表方式将数据背后隐藏的信息和规律表示出来。目前，随着可视化技术的发展，视觉的元素越来越多样，由柱形图、线形图、折线图、饼图，扩展到了面积图、散点图、地图、雷达图等形式多样的图形。

选择合适的图表表示信息非常重要。数据是不会说谎的，如果图表选择不恰当，那么图表呈现的信息就非常难理解。因此，在做数据分析报告前，需要确保选择合适的图表来准备表达你所要传递和分享的信息。国外专家 Andrew Abela 给出了建议，他将数据可视化分为 4 种情况：第一种是需要展示数据间比较关系的可视化；第二种是需要展示数据间联系的可视化；第三种是需要展示数据间构成的可视化；第四种是需要展示数据间分布的可视化。

目前,有一份 2018 年 1—5 月中国空调零售的数据,包括时间、品牌、地区、分级市场、产品类型、销售渠道、销售量、销售额、价格段、利润等字段,如图 1-7.31 所示。本小节的案例均以本表中的数据作为数据源来演示。

# 利润	# 销售额	# 销售量	T 产品类型	T 地区	T 分级市场	T 价格段	T 品牌
394	5,752	2	挂式冷暖	四川	一级市场	2000以下	美的
439	6,948	3	柜式冷暖	北京	一级市场	2000-3000	格力
910	25,960	16	挂式单冷	云南	一级市场	3000-4000	海尔
621	23,962	2	柜式单冷	吉林	一级市场	4000-5000	长虹
1,117	13,427	15	柜式单冷	浙江	一级市场	5000-7000	小天鹅
397	33,378	7	挂式单冷	江苏	一级市场	7000以上	三菱电机
1,309	8,650	9	柜式单冷	云南	一级市场	4000-5000	松下
824	27,478	13	柜式单冷	江苏	一级市场	5000-7000	海信
1,019	25,042	11	挂式单冷	江苏	一级市场	2000以下	三菱重工
688	9,362	11	柜式冷暖	云南	一级市场	7000以上	志高
694	17,461	16	柜式单冷	江苏	一级市场	4000-5000	奥克斯

图 1-7.31　2018 年 1—5 月中国空调零售业部分数据

1. 数据比较关系可视化

数据比较关系可视化可以分为两种情况:一种基于某个分类进行数据比较,当少数分类需要表示且项目也比较少时可以用柱形图,如果要表示的项目比较多,则可以用条形图表示。当有多种分类时可以用表格表示。

另一种基于时间比较数据在不同时间周期内的变化。当周期数多时,可以用曲线图表示;当周期数小于分类时,可以用柱形图表示;当分类数比较多时,可以用多条曲线进行表示。

条形图是用宽度相同的条形的长短来表示数据多少的图形。条形图可以横置或纵置,横置时称为水平条形图,如图 1-7.32 所示;纵置时称为垂直条形图或柱形图,如图 1-7.33 所示。

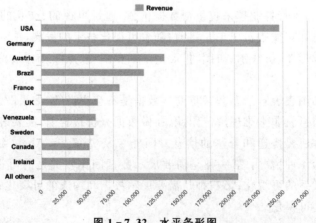

图 1-7.32　水平条形图

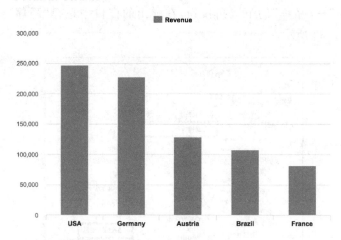

图 1-7.33 垂直条形图（柱形图）

条形图用于展示多个分类的数据变化和同类别各变量之间的比较情况,适用对比分类数据。条形图是统计图资料分析中最常用的图形,条形图能够使人们一眼看出各类数据的大小,易于比较数据之间的差别。

曲线图和面积图适用于显示相等时间间隔下,数据变化的情况和趋势。而面积图又称区域图,强调数量随时间而变化的程度,也可用于引起人们对总值趋势的注意。

【例 7.1】 各品牌空调销售量的对比情况。

由于需要分析各品牌空调销售量的情况,而品牌属于类别数据,且空调品牌项目众多,因此可以选择条形图来表示。操作步骤如下：

① 打开 FineBI 工具,新建"空调零售分析"仪表板,连接"空调零售明细表"数据源,进入组件创建界面,分别将"维度"窗口中的"品牌"字段拖放到"纵轴",将"指标"窗口中的"销售量"拖放到"横轴",得到基本的条形图,如图 1-7.34 所示。

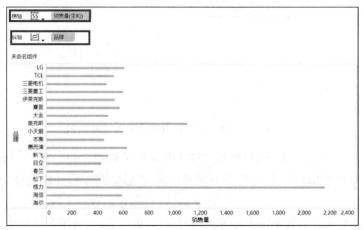

图 1-7.34 基本条形图

② 为了更好地查看各品牌销售量的排名情况,可以对各品牌按销售量进行降序排序。单击"纵轴"→"品牌"的下三角按钮,在弹出的窗口中选择"降序"→"销售量(求和)",如图1-7.35所示。

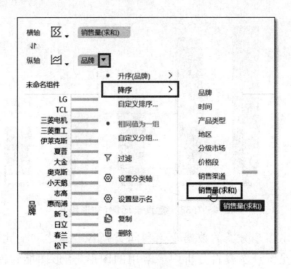

图1-7.35 按销售量对各品牌进行排序

③ 为了用颜色区分各个品牌,可以将"维度"窗口中的"品牌"字段拖放到"图形属性"→"颜色"中,即用颜色映射各个品牌名称,如图1-7.36所示。如果单击"颜色",可以重新为各个品牌分配自己喜欢的颜色,效果如图1-7.37所示。

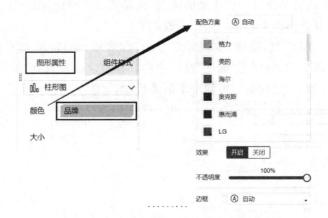

图1-7.36 为各品牌重新分配颜色

④ 最后美化图表。在"组件样式"窗口中可以对标题、图例、轴线、背景等进行设置。这里设置组件标题为"各品牌空调销售量情况",隐藏图例,并设置背景颜色为深灰色,如图1-7.38所示。

⑤ 设置轴样式。如果不需要轴标题"销售量",可以单击"横轴"→"销售量"的下三角按钮,在弹出的菜单中选择"设置值轴",在打开的窗口中去掉"显示轴标题"选项中的"√"

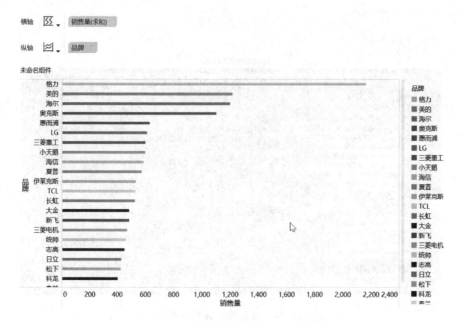

图 1-7.37 各品牌销量情况条形图

图 1-7.38 设置图表样式

即可,如图 1-7.39 所示。各品牌空调销售量对比最终效果如图 1-7.40 所示。

图 1-7.39 设置轴标题

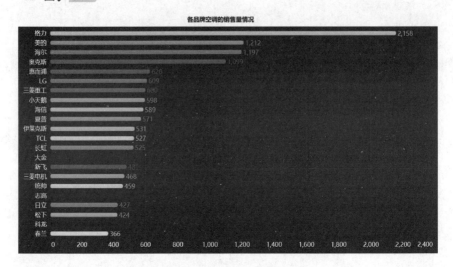

图1-7.40　各品牌空调的销售量情况

在图1-7.40中,销量前三名的品牌分别是格力、美的和海尔,特别是格力空调销量遥遥领先。而销量最后三名是松下、科龙和春兰,基本没有达到平均值。

【例7.2】格力空调各月销售额和利润额的对比情况。

由于需要对格力空调每月的销售额和利润额进行对比,因此该数据是基于时间的,可以用曲线图或柱形图来表示。由于数据周期一共5个月,周期比较少,所以可以用柱形图表示。操作步骤如下:

① 将"维度"窗口中的"时间"和"品牌"字段拖放到"横轴",将"指标"窗口中的"销售额"和"利润"字段拖放到"纵轴"。

② 设置横轴日期为年月。由于需要分析的是各月的情况,所以将"横轴"中的"时间"字段设置为"年/月"格式,如图1-7.41所示。

图1-7.41　设置时间格式

③ 筛选"格力"品牌。由于只需分析"格力"品牌,所以为"横轴"中的"品牌"字段设置筛选器,筛选依据为"字段",选择"格力"品牌,如图1-7.42所示。

④ 为"销售额"和"利润"设置颜色。将"维度"窗口中的"指标名称"拖放到"图形属性"→"颜色",默认设置"销售额"为绿色,"利润"为蓝色,如图1-7.43所示。

⑤ 最后,美化图表。单击"横轴",分别单击"时间"和"品牌"的下三角按钮,在弹出的菜单中选择"分类轴",去掉"显示轴标题"选项前默认的"√"。在"图形属性"中设置图表背景色为黑色,去除轴线,设置图表标题,最终效果如图1-7.44所示。

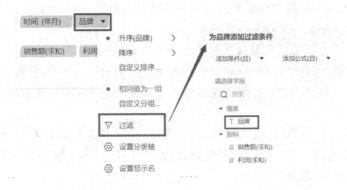

图1-7.42 为品牌添加过滤条件

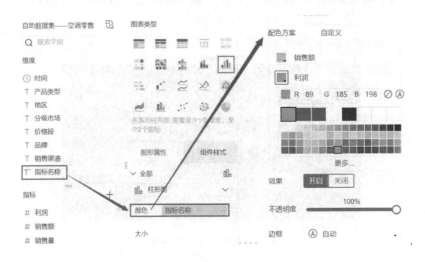

图1-7.43 为"销售额"和"利润"分配颜色

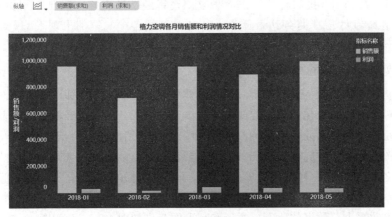

图1-7.44 销售额及利润情况

125

在图1-7.44中,我们看到2月的销售额及利润最低,而5月最高。其中各月利润只有销售额的十分之一左右。

【例7.3】各类产品销售额随时间变化情况对比。

需要对各类产品销售额随时间变化进行对比。这是基于时间的数据比较情况,可以选用柱形图和曲线图表示。但曲线图更能表示变化的趋势,因此本例采用曲线图来完成。

① 将维度窗口中的"时间"字段拖放到横轴,由于我们只需查看趋势,不需要每一天的数据,所以将默认的"年月日"日期格式改为"年月"。单击横轴中"时间"字段,在弹出的菜单中选择"年周数"。

② 将指标窗口中的"销售额"字段拖放到纵轴,然后在"图表属性"中将图标类型设置为"线",就生成所有类型产品1—5月销售总额的折线图,如图1-7.45所示。

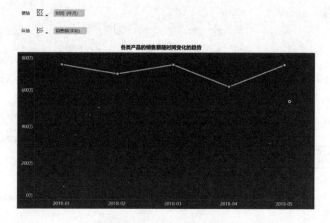

图1-7.45 基本折线图

③ 因为需要查看不同类型产品的销售额变化趋势,我们用颜色来映射产品的类型,所以将"产品类型"字段拖放到"图表属性"中的"颜色",就生成了不同类型产品销售额随时间变化的折线图,如图1-7.46所示。

在图1-7.46中,我们看到挂式冷暖空调销售额是最高的。但自1月开始到4月,销售额下滑最为明显,4月到达最低点。从4月开始各类空调都出现上涨趋势,其中挂式冷暖空调的上涨也最为明显。

2. 数据构成关系可视化

数据构成关系反映的就是某类数据占总体的情况,可以用饼图等表示静态的数据构成关系。对于随时间变化的数据构成关系可以通过堆积柱形图或堆积面积图表来表示。

饼图是一个划分为几个扇形的圆形统计图表,每个扇形的大小,表示该种类占总体的比例。饼图最显著的功能在于表现"占比"。环型图属于饼图的一种可视化变形,也是常见的图形之一,和饼图一样都用扇形的大小表示各类数据的占比,显示了各个部分与整体之间的关系。玫瑰图也能够表示数据的占比情况,它主要用扇形的半径和角度两个指标来表示各类数据占总数据的比例。饼图和环形图分别如图1-7.47和图1-7.48所示。

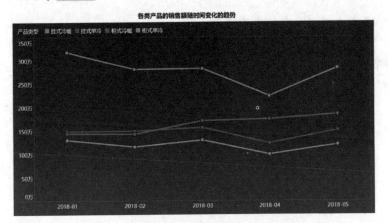

图1-7.46　不同类型产品销售额随时间变化的折线图

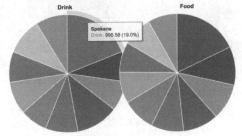

图1-7.47　饼　图

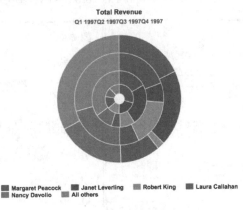

图1-7.48　环形图

堆积柱形图就是用条形上不同颜色表示不同的类别,用柱形的高低表示各类数据占比的大小。堆积面积图也是一种映射关系,与堆积柱形图一样都可以表示数据的构成关系。

【例7.4】各类产品销售额占比情况。

① 在"图形属性"中设置图表类型为"饼图"。

② 将维度窗口中的"产品类型"字段拖放到"图形属性"中的"颜色",将指标窗口中的"销售额"字段拖放到"图形属性"中的"角度"。

③ 为了增加图表的可读性,将"产品类型"字段和"销售额"字段拖放到"图形属性"中的"标签",如图1-7.49所示。

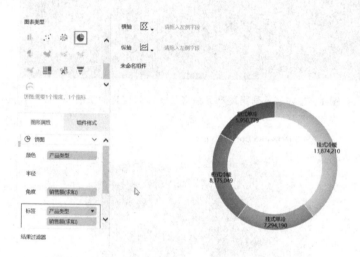

图1-7.49 基本环型图

④ 将"标签"中的"销售额(求和)"设置为百分比值。单击"图形属性"→"标签"中的"销售额(求和)"的下三角按钮,选择"快速计算(无)"→"当前指标百分比",并单击"标签",在弹出的"显示标签"窗口中,将"标签位置"设置为"居外",如图1-7.50所示。

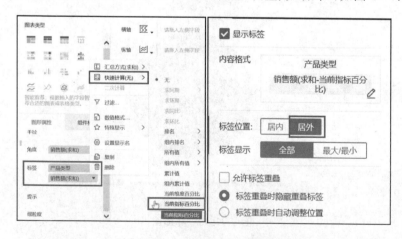

图1-7.50 设置销售额为百分比值

⑤ 选择"图形属性"→"半径",设置"内径占比"为 0,这样饼图就生成好了,如图 1-7.51 所示。

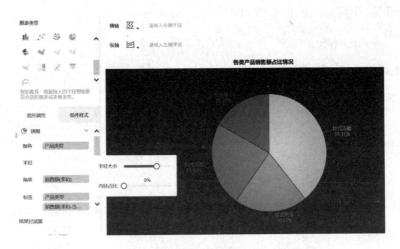

图 1-7.51　表示各类产品销售额占比的饼图

这里,也可以使用玫瑰图表示各类产品销售额的占比情况。由于绘制玫瑰图需要一个维度和两个不同的指标来构建,在图 1-7.51 中,一个维度已具备,为"颜色"中的"产品类型",两个指标也已具备,为"角度"中的"销售额(求和)"和"标签"中的"销售额(求和-当前指标百分比)",因此可以直接转换成玫瑰图。

⑥ 在"图表类型"窗口中,单击智能推荐的"玫瑰图"图标,则转换成玫瑰图。

⑦ 优化图表。调节"半径"大小,将"产品类型"和"销售额(求和)"字段拖放到"标签"中,并对"销售额(求和)"求百分占比,设置标签"居外"显示。最后,设置图形组件,效果如图 1-7.52 所示。

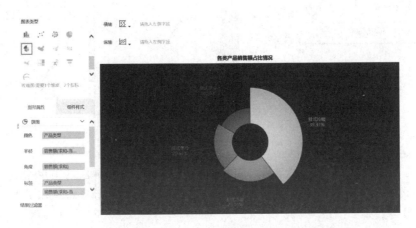

图 1-7.52　表示各类产品销售额占比的玫瑰图

在图 1-7.52 中,我们看到挂式冷暖空调是各类空调中销售额最高的,其余三种空调类型的销售额区域差别不大。

【例7.5】 各级市场各类产品的销量占比情况。

① 将"维度"窗口中"分级市场"字段拖放到"横轴",将"指标"窗口中的"销售量"字段拖放到纵轴,生成基本的柱形图,如图1-7.53所示。

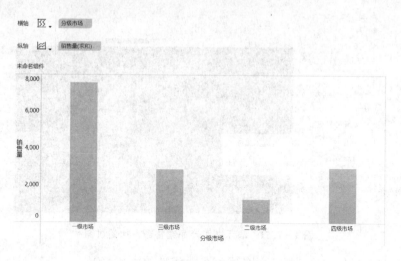

图1-7.53 基本柱形图

② 将"维度"窗口中的"产品类型"字段拖放到"图形属性"→"颜色",则柱形上按颜色进行了商品分类,如图1-7.54所示。

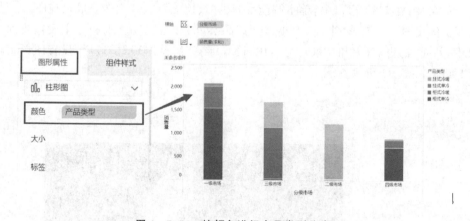

图1-7.54 按颜色进行产品类型分类

③ 通过单击"纵轴"→"销售量"字段边的下三角按钮,在弹出的菜单中选择"开启堆积",则按每类销量占比映射柱形的高度。最后设置图表的标题、图例、背景、轴标题等样式,最终效果如图1-7.55所示。

在图1-7.55中,我们看到一级市场空调的销量最高,销量最低的是二级市场。在各级市场中,一级市场和四级市场各类空调的销量占比趋于平均,三级市场以柜式冷暖和挂式冷暖空调为主,而二级市场空调的销量主要集中在挂式冷暖空调。

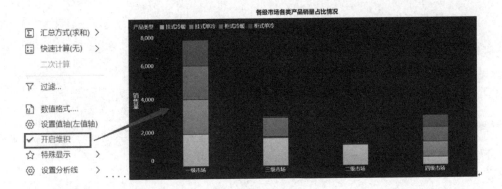

图 1-7.55 生成堆积柱形图

【例 7.6】各月各类产品销量占比情况。

① 将"维度"窗口中的"时间"字段拖放到"横轴",将"指标"窗口中的"销售量"字段拖放到"纵轴"。单击"横轴"中的"时间"字段边下三角按钮,在弹出的菜单中选择"年月"时间格式,如图 1-7.56 所示。

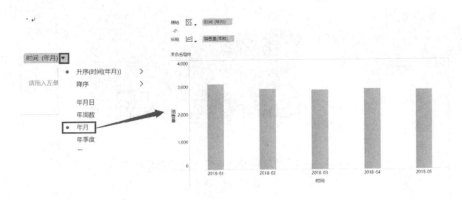

图 1-7.56 设置时间格式

② 将"图形属性"中默认的"柱形图"改为"面积",如图 1-7.57 所示。

③ 将"维度"窗口中的"产品类型"字段拖放到"图形属性"→"颜色"中,效果如图 1-7.58 所示。

④ 单击"纵轴"→"销售量"字段边的下三角按钮,在弹出的菜单中选择"开启堆积",则创建了堆积面积图,如图 1-7.59 所示。

⑤ 在"组件样式"中设置图表背景色为"黑色",设置图表标题、轴线、轴标题等,最终效果如图 1-7.60 所示。

在图 1-7.60 中,我们看到各月各类产品的销售量占比情况,其中挂式冷暖空调在每个月都占了最大的比例,柜式单冷空调占最小的比例。

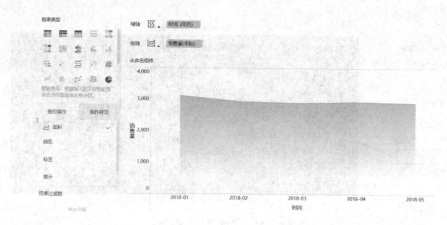

图 1-7.57 基本面积图

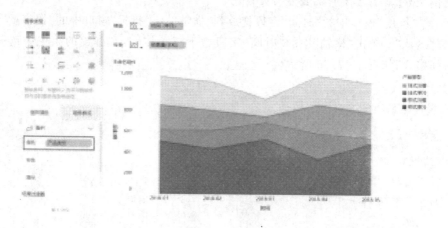

图 1-7.58 用不同颜色表示不同的产品类型

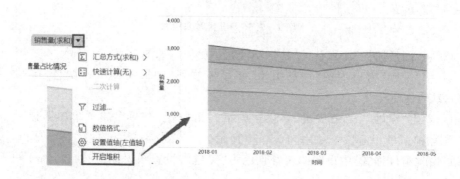

图 1-7.59 开启堆积

3. 数据联系和分布可视化

数据的联系主要是分析数据中各个变量之间的关系,比如散点图主要是分析因变

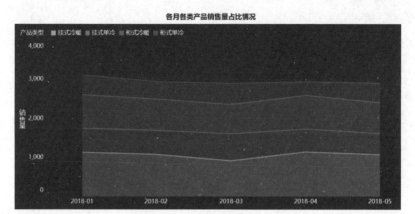

图 1-7.60 堆积面积图表示各月各类产品销售量的情况

量随自变量而变化的大致趋势,由此趋势可以选择合适的函数进行经验分布的拟合,如线性关系、指数关系、对数关系等。数据的分布主要是分析数据分布的规律,比如是正态式分布,还是线性分布。

表示数据联系的可视化图表有气泡图和散点图。其中散点图表示数据中两个变量之间的联系,而气泡图可以表示三个变量之间的联系。散点图是指在数理统计回归分析中,数据点在直角坐标系平面上的分布图,散点图核心的价值在于发现变量之间的关系。

同时,散点图可以用于表示数据的分布。另外直方图也非常适合表示数据的分布情况。

由于散点图一般研究的是两个变量之间的关系。因此,气泡图的诞生就是为散点图增加变量,提供更加丰富的信息,点的大小或者颜色可以定义为第三个变量,可以看作是散点图的变形。气泡图通常用于展示和比较数据之间的关系和分布,一般用颜色映射类型,而用圆圈大小映射数值。

【例 7.7】产品价格与销量的关系。

本例需要分析产品的价格与销量两个变量之间的关系,可以用散点图来表示。

① 将"维度"窗口中的"价格段"字段拖放到"横轴",将"指标"窗口中的"销售量"字段拖放到"纵轴",此时生成默认的柱形图。

② 在"图表类型"中选择"散点图",则生成价格与变量关系的散点图,如图 1-7.61 所示。

③ 为了分析价格与销量的关系,我们为图表添加一条分析线,分析销售量随价格变化的趋势。单击"纵轴"→"销售量"字段边的下三角按钮,在弹出的菜单中选择"设置分析线"→"趋势线(横向)",在打开的窗口中设置趋势线拟合方式为"指数拟合",如图 1-7.62 所示。

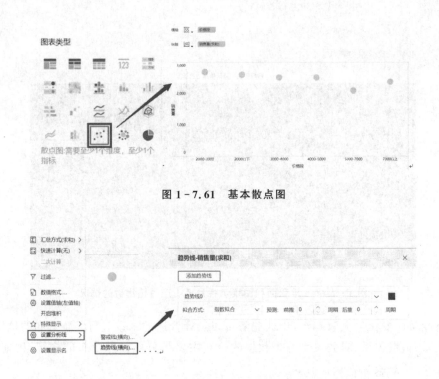

图 1-7.61 基本散点图

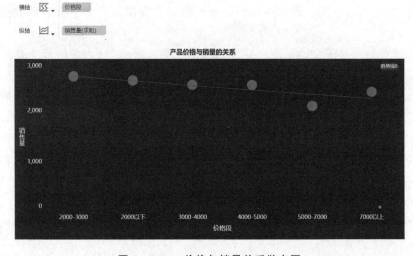

图 1-7.62 添加趋势线

④ 设置标题、背景、轴线等组件样式,最终效果如图 1-7.63 所示。

图 1-7.63 价格与销量关系散点图

从图 1-7.63 看到,随着价格的上涨,产品销量在逐步降低,其中 4 000～5 000 价格段和 7 000 以上的价格,销量高于拟合线。而 5 000～7 000 价格段销量低于拟合线。

【例7.8】各类产品在各价格段的销量分布情况。

本例需要分析各类产品在各价格段的销量分布情况,我们依然可以用散点图来表示。此时,我们只需要在散点图基础上,增加各类产品的情况分析就可以了。

① 在散点图的基础上,将"维度"窗口中的"产品类型"字段拖放到"图形属性"→"颜色"中。

② 在"组件样式"中修改图表标题、背景等属性,最终效果如图1-7.64所示。

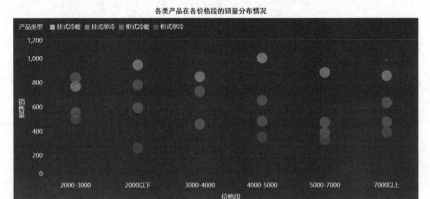

图1-7.64　表示各类产品在各价格段的销量分布的散点图

在图1-7.64中,我们看到价格段2 000~3 000的各类产品销量总体高于其他价格段。挂式冷暖空调在各价格段销量都位于前列,而柜式单冷空调在各价格段的销量表现都不佳。

【例7.9】销量前十的品牌分布及其利润关系。

本例需要分析销量前十的品牌分布及利润关系,涉及销量、品牌及利润三个变量,因此我们选择气泡图来表示这三者数据间的联系。

① 将"维度"窗口中的"品牌"字段拖放到"横轴",将"指标"窗口中的"销售量"字段拖放到"纵轴"。单击"纵轴"中的"销售量"字段边的下三角按钮,在弹出的菜单中选择"过滤",为"销售量"添加过滤条件,从而生成销量前十的品牌柱形图,如图1-7.65和图1-7.66所示。

图1-7.65　为销售量添加过滤条件

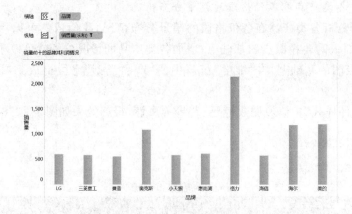

图 1－7.66　销量前十的品牌

② 在"图表类型"中选择"气泡图",如图 1－7.67 所示;然后呈现表示销量前十的气泡图,如图 1－7.68 所示。

图 1－7.67　选择气泡图

图 1－7.68　基本气泡图

③ 用气泡的颜色深浅来映射利润的大小。将"指标"窗口中的"利润"字段拖放到"图形属性"→"颜色",并设置颜色"渐变方案"为"炫彩",如图1-7.69所示。

图1-7.69　设置颜色方案

④ 为了增加图表可读性,将"维度"窗口中的"品牌"字段和"指标"窗口中的"利润"字段拖放到"图形属性"→"标签"。最后在"组件样式"中设置图表的标题、背景、图例等,最终效果如图1-7.70所示。

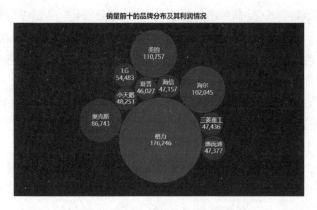

图1-7.70　销量前十的气泡图

从图1-7.70中看到,销量排名前十的品牌有格力、美的、海尔、奥克斯、LG、小天鹅、海信、三菱重工、惠而浦、夏普。其中格力利润最高,其次是美的、海尔和奥克斯,利润比较接近。

4. 空间数据可视化

数据地图是可视化数据的强大方式。当我们面对的数据包含空间位置和地理信息,或者业务要求按空间位置和地理信息分析数据时,这就是空间数据可视化问题。通过交互式空间数据可视化的方法,在地图上绘制数据帮助业务人员发现与数据相关的特点并诊断业务问题,普遍用于分析零售、物流、交通、粮食、能源、环保等数据。

在很多场景中经常看到用地图图表来展示地理位置相关的数据，从而更好地展示与位置相关的数据的特征。我们将这样的可视化方式称为数据地图。商业数据时代大量数据是与地理位置相关的，例如各区域的销售额和利润数据等。用数据地图来反映这些信息比表格要更直观形象，且更具交互性。

填充地图即根据某个度量值，对图中不同区域用不同颜色进行填充所生成的数据地图。利用填充地图区域辨识率高这一特点可以一目了然看到各个地理区域的分布情况。

符号地图是在地图上标记信息的一种数据地图。符号地图适合显示各个位置的定量值。每个位置的定量值可以是一个或两个，一个用颜色进行编码，一个用大小进行编码。

流向地图表示显示起点和一个或多个终点位置之间的路径的方法，通常用于表示数据流动的方向和路径。

7.2.4 仪表板管理与分享

1. 仪表板设计

仪表板是展示数据分析而创建的可视化组件的面板，在仪表板中可以添加任意组件，包括表格、图表、控件等。一张布局合理、色彩搭配美观、主次分明的仪表板，可以让用户快速了解最重要的信息，方便查阅更详尽的信息，据此做出重要合理的决策。

仪表板的用途是引导读者查看多个可视化图表，讲述每个数据见解的故事，并揭示数据见解之间的联系。因此在设计仪表板布局的时候，应当正确地引导用户的视线，方便用户阅读、发现重要的信息。

在设计仪表板之前，我们首先需要知道用户的习惯和阅读需求。通常，用户查看一个仪表板或者一个可视化作品的时候就像看一本书一样，遵循着从上到下从左到右的原则。最重要的核心指标分析一般放在左上方或者顶部，选择使用较大的数字进行 KPI 指标汇总显示，如果需要添加过滤控件进行页面级的辅助数据筛选，则控件的位置一般放在顶部，其他一些次重要的分析指标可以放到左下方，最后是一些相对不那么重要的数据或者是引导式分析的数据、明细数据、需要精准查看的数据等，可以放到仪表板的右下方位置。

在进行仪表板布局设计时，我们需要分清展示内容的主次关系、层级关系，从而选择合适的布局，以便合理、清晰地讲述数据故事。所以在制作仪表板时可以给予不同内容不一样的侧重，比如在做一些管理驾驶舱或者大屏看板的时候，往往展现的是一个企业全局的业务，一般分为主要指标和次要指标两个层次，主要指标反映核心业务，次要指标用于进一步阐述分析，我们通常将一些比较重要的数据放到中部进行展示。

2. 仪表板导出

用户做好的数据分析仪表板可以选择全部导出到 Excel 或者 PDF 中，以供一些其他处理或报告使用。在仪表板工作区，单击上方菜单栏的"导出"按钮，可以看到"导出Excel"和"导出PDF"选项。选择导出Excel后，会生成Excel文件，支持将整个数据分析模板的dashboard界面都导出到Excel中。可以在Excel文件中看到整体模板的分析效果及各组件的明细数据结果。选择导出PDF后，导出的PDF只会展示整体dashboard界面效果。该界面上各个组件的位置会完全按照PC端布局展示，同时对应组件的过滤条件也会导出，即导出的效果就是用户在PC端看到的数据和图表对应效果。

3. 仪表板分享

仪表板创建完成后，我们可以将其分享给别人使用，FineBI支持三种仪表板分享方式：分享仪表板、创建公共链接和挂出仪表板。

分享仪表板需要回到FineBI数据决策平台的主界面，单击左侧"仪表板"菜单，进入仪表板文件管理界面。每个独立的仪表板文件均支持相应的操作，包括分享、创建公共链接、申请挂出等。将光标放置在仪表板文件上，中间区域会显示"分享""申请挂出""创建公共链接"三种操作，三种方式均可分享仪表板，如图1-7.71所示。

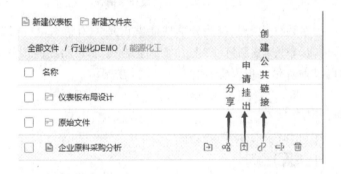

图1-7.71 仪表板文件操作

（1）仪表板分享

单击"仪表板"，将光标悬浮在"企业原料采购分析"的仪表板上，单击"分享"按钮，在弹出的对话框中选择要分享的指定用户，比如分享给"销售主管"部门所有人员，将"部门"→"销售主管"→"分享给"按钮解锁，单击"完成"按钮。若要取消分享，则在同一个页面选择对应用户将"分享给"加锁即可，如图1-7.72所示。

在通过"分享"方式分享的仪表板，如果对应用户有对该仪表板对应数据表的使用权限，则能看到该仪表板以及对应的数据可视化效果；如果该用户没有对应数据表的使用权限，则打开仪表板之后会提示没有数据权限，这样可以有效地对数据进行安全管理。

（2）通过"创建公共链接"方式分享的仪表板

单击"仪表板"，将光标悬浮在"企业原料采购分析"的仪表板上，单击"创建公共链

图 1-7.72 仪表板分享操作

接"按钮,在弹出的对话框中公共链接分享功能默认是关闭状态,单击打开"链接分享"按钮,自动生成链接,单击"复制链接"上方显示复制成功,可将此链接分享给他人,获得链接的用户都可以查看仪表板内容,如图 1-7.73 所示。

图 1-7.73 创建公共链接分享操作

通过"创建公共链接"方式分享的仪表板,此公共链接任何人都可以访问,不需要登录,也不需要有任何权限。所有点开链接的用户都能看到分享者对应数据权限下的仪表板。

(3) 通过"申请挂出"方式分享仪表板

管理员挂出并为目录下该仪表板分配查看权限以后,有权限的人员登录自身账号,在目录下即可查看挂出的仪表板。此分享方式主要用于仪表板协同创作。

7.3　综合案例：人工智能岗位分析

现有人工智能岗位类招聘数据如图 1－7.74 所示。

城市	岗位链接	岗位名称	公司名称	工作经验	规模	企业性质	行业	学历	薪资上限	薪资下限	序号
南京	com/nanjing-yhtq/1257	机器学习工程师	京翼海云峰软件技术有限公	2年经验	150-500人	民营公司	计算机软件	本科	2.5	1.3	1
武汉	b.com/wuhan-jhq/112395	机器学习算法工程师	汉海星通技术股份有限公	1年经验	50-150人	民营公司	医疗设备/器械	本科	1.6	0.8	2
深圳	com/shenzhen-nsq/1159	机器学习算法工程师	深圳中科飞测科技有限公司	本科	150-500人	合资	仪器仪表/工业自动化	招3人	3	1.5	3
上海	com/shanghai-cnq/1244	产品经理-机器学习	北京芯恩科技有限责任公司	3-4年经验	50-150人	民营公司	子技术/半导体/集成电	硕士	2	1.5	4
东莞	com/dongguan-sshq/1044	件工程师(机器学习/大数	中国科学院云计算中心	1年经验	500-1000人	事业单位	服务(系统、数据服务	本科	8	5	5
苏州	.com/suzhou-gyyq/11383	器学习平台高级运维工程	苏州华冠科技有限公司	5-7年经验	50-150人	外资（欧美）	计算机软件	大专	1.5	1.2	6
北京	ob.com/beijing/1238330	究岗（高频/中低频/机器	上海锐天投资管理有限公司	本科		民营公司	金融/投资/证券	招若干人		0	7
北京	ob.com/beijing/1229854	算机视觉和机器学习工程	京三星通信技术研究有限公	硕士		民营公司	多元化业务集团公司	招若干人		0	8
成都	ob.com/chengdu/1247147	算法工程师（机器学习）	成都数之联科技有限公司	在校生/应届生		民营公司	互联网/电子商务	硕士		0	9
深圳	ob.com/shenzhen/124718	机器学习方向研究助理	诺安基金管理有限公司	硕士		民营公司	务(咨询、人力资源、	招若干人		0	10
厦门	job.com/xiamen/1243161	器学习平台工程师（厦门	建信金融科技有限责任公司	本科		国企	金融/投资/证券	招若干人		0	11
北京	ob.com/beijing/1230821	机器学习算法研发工程师	中国科学院软件研究所	本科		民营公司	多元化业务集团公司	招若干人		0	12
武汉	job.com/wuhan/12537896	机器学习工程师	汉东方赛思软件股份有限公	1年经验		政府机关	政府/公共事业	本科		0	13
济南	job.com/jinan/12529565	机器学习算法工程师	中科星图股份有限公司	硕士		国企	计算机软件	招若干人		0	14
杭州	ob.com/hangzhou/124951	机器学习（杭州）	浙江舜宇光学有限公司	硕士		民营公司	仪器仪表/工业自动化	招2人		0	15
上海	ob.com/shanghai/124391	机器学习	海嘉银金融科技股份有限公	本科		民营公司	金融/投资/证券	招若干人		0	16
北京	ob.com/beijing/1242528	智能类-机器学习工程师-	北京集智数字科技有限公司	本科		民营公司	计算机软件	招若干人		0	17
苏州	job.com/suzhou/1239587	-机器学习软件工程师-苏	（中国）有限公司上海分	硕士		外资（欧美）	务(咨询、人力资源、	招若干人		0	18
北京	ob.com/beijing/1230242	件工程师 - 机器学习和	鼹奇科技（北京）有限公司	硕士		民营公司	多元化业务集团公司	招若干人		0	19
武汉	job.com/wuhan/12286790	化策略研究员（机器学习	趋势科技股份有限公司武	1年经验		政府机关	政府/公共事业	本科	8	6	20
福州	job.com/fuzhou/9720154	器学习/深度学习/算法工程	福建顶点软件股份有限公司	本科	500-1000人	民营公司	计算机软件	招1人	1.5	1	21
广州	com/guangzhou-thq/1242	机器学习平台研发工程师	佳都新太科技股份有限公司	3-4年经验	1000-5000人	民营公司	计算机软件	本科	3	1.5	22
上海	com/shanghai-mhq/1247	大数据与机器学习工程师	上海扩博智能技术有限公司	2年经验	50-150人	民营公司	计算机软件	硕士	4.17	2.5	23
上海	com/shanghai-pdxq/1239	机器学习	中国科学院上海高等研究院	无需经验	1000-5000人	事业单位	政府/公共事业	博士	1.5	1	24
深圳	com/shenzhen-nsq/1232	机器学习算法工程师	静空间信息技术股份有限公	3-4年经验	500-1000人	民营公司	计算机软件	本科	3	1.5	25
上海	com/shanghai-pdxq/983	机器学习工程师	上海森亿医疗科技有限公司	在校生/应届生	150-500人	民营公司	服务(系统、数据服务	本科	4	2	26
上海	com/shanghai-mhq/1255	学习高级算法工程师（主	上海之江智能科技有限公司	3-4年经验	50-150人	民营公司	互联网/电子商务	硕士	3	1.5	27
南京	.com/nanjing-yhtq/8777	学习&自然语言处理研发工	南京擎盾信息科技有限公司	1年经验	150-500人	民营公司	服务(系统、数据服务	本科	2.5	1.8	28
上海	ob.com/shanghai/721678	机器学习&算法工程师	海奥腾计算机科技有限公	2年经验	50-150人	合资	计算机软件	本科	4	3	29
东莞	com/dongguan-sshq/1214	大科学装置/云计算/机器	广东电子工业研究院有限公	1年经验	50-150人	国企	计算机软件	本科	2	0.6	30
广州	com/guangzhou-thq/1152	机器学习工程师	科技有限公司广州分公司	3-4年经验	1000-5000人	民营公司	互联网/电子商务	本科	2	1.5	31
上海	com/shanghai-pdxq/1248	机器学习&数据挖掘工程师	阅文集团	2年经验	1000-5000人	上市公司	互联网/电子商务	本科	3.5	2	32
苏州	.com/suzhou-gyyq/12003	机器学习高级研究员	佳康医药（苏州）有限公司	1年经验	50-150人	外资（欧美）	计算机软件	硕士	3.5	2	33

图 1－7.74　人工智能岗位招聘数据(部分)

文件中的数据列包括招聘单位所在城市、岗位链接、岗位名称、公司名称、工作经验、规模、企业性质、行业、学历、薪资上限、薪资下限以及序号等信息。

现需要对人工智能类岗位需求做分析，包括对岗位数量、薪资上限平均水平、薪资下限平均水平、招聘人数最多的 20 个岗位的名称、招聘岗位地域分布、岗位数量与工作经验的关系、工作年限与薪资趋势等进行分析，以帮助计算机及相关专业毕业生规划自己的职业人生。具体步骤如下：

1. 连接 Excel 数据源

将 Excel 表格导入 FineBI，建立自助数据集。

2. 建立仪表板

添加文本组件，以设置标题。

添加 KPI 指标卡，统计岗位数量。

添加 KPI 指标卡，统计岗位薪资上限平均水平。

添加 KPI 指标卡，统计岗位薪资下限平均水平。

添加词云组件，统计招聘人数最多的 20 个岗位。

添加散点图组件，统计招聘岗位最多的 10 个城市情况。

添加柱形图，分析工作经验和招聘岗位数量的关系。

添加面积图,分析工作经验和薪资上限、薪资下限的关系。

进行相关的设置,最终仪表板如图1-7.75所示。

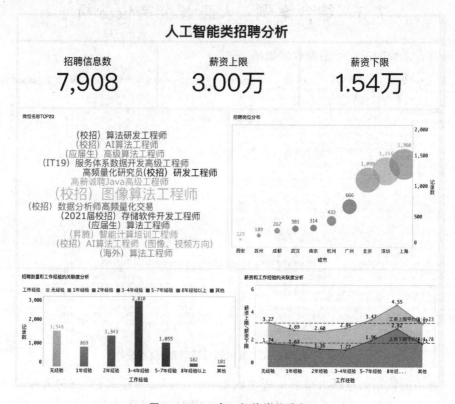

图1-7.75 人工智能岗位分析

第 8 章 跨平台小程序开发

Python 是一种跨平台的计算机程序设计语言,是一个高层次的结合了解释性、编译性、互动性和面向对象的脚本语言。近年来,Python 编程语言在 Web 和 Internet 开发、科学计算和统计、人工智能、网络爬虫、游戏编程等多个领域获得了广泛的应用。本章通过一个综合性的小游戏编程案例,使读者了解游戏编程中需要解决的主要问题,掌握 Python 的基础语法和 Python 库的使用,完成一个俄罗斯方块游戏的程序设计。

8.1 从开发者的角度认识俄罗斯方块

俄罗斯方块是一款由俄罗斯人阿列克谢·帕基特诺夫于 1984 年 6 月发明的休闲游戏。其玩法是这样的:由小方块组成的不同形状的板块陆续从屏幕上方落下来,玩家通过调整板块的位置和方向,使它们在屏幕底部拼出完整的一个或几个横条。这些完整的横条会随即消失,给新落下来的板块腾出空间,与此同时,玩家得到分数奖励。没有被消除掉的方块会不断堆积起来,一旦堆到屏幕顶端,玩家便输了,游戏结束。

8.1.1 知识导读:俄罗斯方块简介

俄罗斯方块的基本规则可描述如下:

① 游戏界面中有一个用于摆放小型正方形的平面虚拟场地,其标准大小:行宽为 10,列高为 20。

② 游戏中一组由 4 个小正方形组成的规则图形,英文称为 Tetromino,中文通称为方块。用 4 个面积相等的正方形能够拼成的形状,只能排成一层或二层,三层、四层不用考虑。分别以 S、Z、L、J、I、O、T 这 7 个字母来命名的形状,如图 1-8.1 所示。

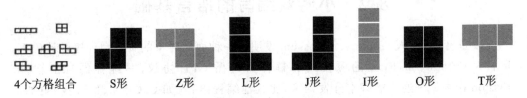

图 1-8.1 俄罗斯方块游戏中的七种方块

③ 随机的方块会从场地上方开始缓慢落下,当方块落到场地最下方或者落到其他方块上无法继续下落时,就会固定在该处,而新的随机方块会继续出现在场地上方开始落下。

④ 玩家可以进行以下几个操作:a. 向左移动方块;b. 向右移动方块;c. 以90°为单位旋转方块;d. 使方块加速落下。

⑤ 当场地中某一行格子全部由方块填满时,该行会消失,该行上面的方块会下落,玩家得一定的分数,且同时删除的行数越多,得分越多。

⑥ 当固定的方块堆到场地最上方而无法消除时,游戏结束。

⑦ 一般来说,游戏还会提示下一个要落下的方块,熟练的玩家会计算到下一个方块,评估当前方块需要如何摆放,游戏界面如图1-8.2所示。

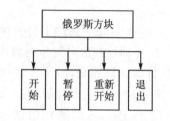

图1-8.2 俄罗斯方块游戏界面

8.1.2 知识拓展:开发者眼中的俄罗斯方块

作为一名游戏开发者,其与玩家看待问题的角度是不同的。玩家只需要知道游戏的规则,知道如何操作,就可以玩游戏。但游戏开发者,需要考虑的问题则要多得多。拿俄罗斯方块这个游戏来说,开发者至少需要考虑以下几个问题:

① 游戏的界面如何设计?如何在计算机或手机屏幕上绘制出一个场地?

② 系统菜单或按钮如何设计?如何开始、暂停或结束游戏?

③ 如何随机选择一个方块从场地上方随机落下?

④ 如何在场地中绘制落下的方块?如何控制方块的旋转?如何控制方块的左右移动?如何控制方块的下降速度?

⑤ 游戏的难度如何控制?太简单了玩家没兴趣,太难了玩家会放弃。

一般来说,软件开发包括游戏开发,需要经过需求分析、概要设计、详细设计、编码、测试、运营维护等几个步骤。而我们前面的分析就可以算是一个最简单的需求分析。限于篇幅的关系,软件开发的其他几个步骤在此不再详述,有兴趣的读者可以参考软件工程相关的书籍或参考资料。

8.2 小游戏编写的语言基础

1989年,荷兰人Guido van Rossum发明了一种面向对象的解释型程序设计语言,取名为Python。Python的源代码和解释器遵循GPL协议,是纯粹的自由软件。Python作为一种通用的脚本开发语言,比其他编程语言(如C/C++、Java等)更加简单、易学,其面向对象特性更加彻底,特别适合于快速开发。另外,Python在软件质量控制、开发效率、可移植性、组件集成、库支持等方面均处于先进地位。

8.2.1 Python 语言的特点

Python 是一种提供 OOP 方法的语言,是游戏开发人员最易于使用的通用编程语言之一。它包含很多模块和第三方库,允许程序员快速开发游戏。Python 语言的特点有以下几个:

1. 简　单

每种编程语言都有其特点。比如 C/C++ 专业性很强,编写出来的程序运行速度特别快;再比如 Java,其可移植性是所有程序设计语言中最强的,几乎可以做到"写一次,到处运行"。用 Python 语言编写的程序其运行速度要比使用其他语言编写的程序慢,但它却能成为人工智能领域的主流编程语言,其最主要的原因就是简单。针对一个特定功能的程序,用 C 语言编写可能需要 1 000 行代码,用 Java 可能需要 100 行代码,但用 Python 可能只需要 20 行代码就可以完成。Python 简单易学的特点决定了程序员可以很快地完成学习并上手工作,还可以在工作的过程中节约大量的编程、调试时间。当然 Python 的主要缺点是程序运行速度慢,但这个缺点可以用高速的 CPU 以及并行运算来抵消,也就是说,可以用稍微贵一点的 CPU 和并行运算来节约程序员的编程时间。有人说 Python 语言"高效",这个"高效"不是指程序运行效率高,而是程序员编程的效率高。正是基于这方面的考虑,才有人说,"程序员是昂贵的,CPU 是便宜的"。也有人说,"人生苦短,我用 Python",也是同样的道理。

2. 易　学

Python 语言关键字较少,程序结构简单,有明确的语法,学习起来相对比较简单。Python 语言的入门时间是按天算的,而 C/C++ 语言的入门时间是按年算的。

3. 易于阅读维护

Python 语言编写的代码结构清晰,且一般较短,容易理解,便于修改维护。

4. 库丰富

Python 库是能够完成一定功能的代码集合,可以供用户直接使用。在 Python 中是包和模块的形式。除了标准库以外,Python 还拥有庞大的第三方库,程序员在编程的过程中,许多功能都可以通过直接调用库中的代码来实现。

5. 支持互动模式

程序员可以直接在终端输入代码片段并获得程序片段的执行结果,测试和调试工作变得更加简单。

6. 可移植性

由于其开源特性,Python 已经被移植到许多平台上,如 Linux、Windows、Windows CE、Android 等操作系统平台。程序员在其中一个平台上编写的程序,不加修改或者只做少量的修改就可以直接拿到其他平台上运行。

7. 可扩展性

如果程序中一部分需要高效运行,或者一些关键代码不愿意公开,那么程序员可以使用C或C++来完成这部分代码的编写,再在Python程序中调用这部分代码。

8. 数据库

Python提供了所有主要商业数据库的接口,便于程序员在程序中使用数据库。

9. GUI编程

Python为用户提供了开发图形界面的库Tkinter,方便Python程序员创建完整的、功能健全的GUI用户界面。

10. 可嵌入性

程序员可以将Python程序嵌入到C或C++程序中,从而让C及C++程序的用户拥有"脚本化"的能力。

8.2.2 Python编程入门

本小节将介绍Python的下载安装、Shell的基本应用、Python的简单语法规则,最后通过一个猜数字的游戏程序来展现Python语言的独特魅力。

1. Python的下载安装

用户可以直接到Python官网下载安装包,网址为:https://www.python.org/。Python官网提供了多个版本的安装程序,用户没必要追求高版本的安装包,相对来说,低版本的安装包由于发布的时间较长,可能会更稳定一些。除了安装包以外,官网还提供了许多Python的最新源码、二进制文档、新闻资讯等内容,方便用户查看使用。

打开Web浏览器访问https://www.python.org/downloads/windows/,在下载列表中找到所需要的Windows平台安装包,双击下载。下载完成后可直接双击安装,安装过程非常简单,只需要使用默认的设置一直单击"下一步"按钮直到安装完成即可。

安装完成后,从开始菜单→所有程序→Python 3.8中,选择IDLE(Python GUI),单击,即可打开如图1-8.3所示的Shell窗口。

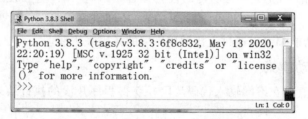

图1-8.3 Python 3.8.3 Shell窗口

2. Python的注释与缩进

Python语言中,单行注释采用#开头,从#开始一直到行尾的部分为注释,注释不参与执行。注释的例子如下：

```
# 文件名：first.py
print(Hello World!);# 在 Python 中打印输出的功能由 print 函数来完成
```

Python 语言与其他编程语言的最大区别是：Python 的代码块不使用大括号{}来控制类、函数以及其他逻辑判断。在 Python 中使用缩进来写模块。

缩进的空白数量是可变的，但是所有代码块语句必须包含相同的缩进空白数量，必须严格执行。代码如下所示：

```
if True:
    print(True)         # 如果为真则输出 True
else:
    print(False)        # if 和 else 下面的内容为下一个层次，如果不缩进，则会报错
```

3. 编写第一个 Python 程序

在 Shell 界面中选择文件菜单，单击 New File 菜单项，即可打开一个编辑窗口，输入以下代码：

```
a = 3               # 变量 a 的值赋为 3
b = 5               # 变量 b 的值赋为 5
s = a * b           # a 乘以 b 的积送给变量 s
print(s)            # 输出 s 的值
```

其效果如图 1-8.4 所示。

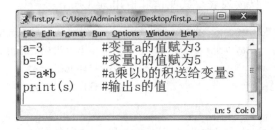

图 1-8.4 编辑 Python 程序

编辑完成后保存文件（第一次保存时会要求输入文件名），注意后缀名必须为.py。按快捷键 F5 运行程序，即可在 Shell 窗口中看到程序的运行结果。

4. Python 的变量与数据类型

Python 中的变量可以直接赋值而不需要事先声明。每个变量在使用前都必须进行赋值，赋值之后的变量才会在内存中被创建，创建之后的变量在内存中保存了变量的名称、类型以及数据等信息。

Python 中的变量有 5 种类型，分别是数字（Numbers）、字符串（String）、列表（List）、元组（Tuple）和字典（Dictionary）。

(1) 数　字

Python 有以下几种不同的数字类型：int(整型)、float(浮点型)和 complex(复数)。赋值方式如下：

```
a = 3;              #整型变量 a 的值赋为 3
b = 3.14159;        #浮点型变量 b 的值赋为 3.14159
c = 1 + 1j;         #复数型变量 c 的值赋为 1 + 1j
```

(2) 字符串

字符串(有时简称为串)是由数字、字母、下画线组成的一串字符。赋值方式如下：

```
s = 'ilovepython'   #字符串 s 的值赋为"ilovepython"
```

(3) 列　表

列表是最常用的 Python 数据类型，创建列表的方式是用逗号将不同的数据项分隔开，再使用方括号括起来即可。Python 中列表的数据项不要求具有相同的类型。其赋值和基本使用方式如下：

```
list1 = ['physics', 'chemistry', 1997, 2000]   #由字符串和整型数组成的列表 1
list2 = [1, 2, 3, 4, 5, 6, 7]                  #由整数组成的列表 2
print (list1[0])                               #打印列表 list1 的 0 号数据项
print (list2[1:5])                             #打印列表 list2 的 1～5 号数据项
```

(4) 元　组

元组与列表类似，元组的内部元素也用逗号隔开，然后需要用圆括号括起来。元组不能二次赋值，相当于只读列表。其赋值和使用方式如下：

```
tup1 = ('physics', 'chemistry', 1997, 2000)    #由字符串和整型数组成的元组 1
tup2 = (1, 2, 3, 4, 5, 6, 7)                   #由整数组成的元组 2
print (list1[0])                               #打印元组 tup1 的 0 号数据项
print (list2[1:5])                             #打印元组 tup2 的 1～5 号数据项
```

(5) 字　典

字典用大括号来标识。字典由索引(key)和它对应的值 value 组成。列表是有序的对象集合，而字典是无序的对象集合；字典当中的元素是通过键来存取的，而不是通过偏移存取。字典的使用示例如下：

```
dict = {'zhangsan': 1.78, 'lisi': 1.80, 'mawu': 1.70}  #创建一个字典 dict
print (dict['zhangsan'])                               #打印字典 dict 中索引'zhangsan'对应的值
```

5. Python 的运算符

Python 语言支持多种不同类型的运算符，这里主要介绍算术运算符、比较(关系)运算符和赋值运算符。

(1) 算术运算符

Python 语言支持的算术运算符及其功能如表 1-8.1 所列。

表 1-8.1 算术运算符及其功能

运算符	描述	实例
＋	加法：表示两个对象相加	5＋5 输出结果 10
－	减法：表示一个数减去另一个数	10－5 输出结果 5
＊	乘法：表示两个数相乘	10 ＊ 20 输出结果 200
/	除法：表示两个数相除	10/ 5 输出结果 2
％	取模：两个数相除，返回除法的余数	5 ％ 2 输出结果 1
＊＊	幂：x＊＊y 表示求 x 的 y 次幂	3＊＊4 表示 3 的 4 次方，输出结果 81
//	整除：两数相除，返回商的整数部分	9//2 输出结果 4 ，9.0//2.0 输出结果 4.0

(2) 比较(关系)运算符

Python 语言支持的比较运算符及其功能如表 1-8.2 所列。

表 1-8.2 比较运算符及其功能

运算符	描述	实例
==	相等	两边相等返回 True,否则返回 False
!=	不等于	两边不相等返回 True,否则返回 False
>	大于	左边大于右边返回 True,否则返回 False
<	小于	左边小于右边返回 True,否则返回 False
>=	大于或等于	左边大于或等于右边返回 True,否则返回 False
<=	小于或等于	左边小于或等于右边返回 True,否则返回 False

(3) 赋值运算符

Python 语言支持的赋值运算符及其功能如表 1-8.3 所列。

表 1-8.3 逻辑运算符及其功能

运算符	描述	实例
＝	简单的赋值运算符	c＝a＋b 将 a＋b 的运算结果赋值为 c
＋＝	加法赋值运算符	c＋＝a 等效于 c＝c＋a
－＝	减法赋值运算符	c－＝a 等效于 c＝c－a
＊＝	乘法赋值运算符	c＊＝a 等效于 c＝c＊a
/＝	除法赋值运算符	c/＝a 等效于 c＝c/a
％＝	取模赋值运算符	c％＝a 等效于 c＝c％a
＊＊＝	幂赋值运算符	c＊＊＝a 等效于 c＝c＊＊a
//＝	取整除赋值运算符	c//＝a 等效于 c＝c//a

6. Python 逻辑控制语句

(1) 条件控制语句

Python 条件语句通过一条或多条语句的执行结果(True 或者 False)来决定执行

不同的代码块。其中,最常见的语句为 if 语句,其基本形式为:

if 判断条件:
  语句1　　　　　　＃如果判断条件为 True,执行语句1
else:
  语句2　　　　　　＃如果判断条件为 False,执行语句2

当判断条件为多个值时,可以使用以下形式:

if 判断条件1:
  语句1　　　　　　＃如果判断条件1为 True,只执行语句1
elif 判断条件2:
  语句2　　　　　　＃如果判断条件2为 True,只执行语句2
elif 判断条件3:
  语句3　　　　　　＃如果判断条件3为 True,只执行语句3
else:
  语句4　　　　　　＃如果判断条件1、2、3均为 False,执行语句4

(2) 循环控制语句

Python 提供了 for 和 while 两种循环。

while 循环的基本形式为:

while 判断条件:
  执行语句

其中,执行语句可以是单个语句或语句块。判断条件可以是任何表达式,任何非零、或非空(null)的值均为 true。当判断条件假 false 时,循环结束。

for 循环可以遍历任何序列的项目,如一个列表或者一个字符串。for 循环的基本形式为:

for 变量名 in 序列:
  语句组

无论是在 while 循环中还是在 for 循环中,都可以用 break 语句来退出循环,用 continue 语句结束本次循环。

8.2.3　Python 序列结构

列　表

列表是 Python 中内置可变序列,是一个元素的有序集合,列表中的每一个数据称为元素,列表的所有元素放在一对中括号"["和"]"中,并使用逗号分隔开。

当列表元素增加或删除时,列表对象自动进行扩展或收缩内存,保证元素之间没有缝隙。

在 Python 中,一个列表中的数据类型可以各不相同,可以同时分别为整数、实数、字符串等基本类型,甚至是列表、元素、字典、集合以及其他自定义类型的对象。例如下列代码:

```
[10, 20, 30, 40]
['crunchy frog', 'ram bladder', 'lark vomit']
['spam', 2.0, 5, [10, 20]]
[['file1', 200, 7], ['file2', 260, 9]]
```

列表的方法如表 1-8.4 所列。

表 1-8.4　列表的方法

方　　法	说　　明
list.append(x)	将元素 x 添加至列表尾部
list.extend(L)	将列表 L 中所有元素添加至列表尾部
list.insert(index, x)	在列表指定位置 index 处添加元素 x
list.remove(x)	在列表中删除首次出现的指定元素
list.pop([index])	删除并返回列表对象指定位置的元素
list.clear()	删除列表中所有元素,但保留列表对象,该方法在 Python2 中没有
list.index(x)	返回值为 x 的首个元素的下标
list.count(x)	返回指定元素 x 在列表中的出现次数
list.reverse()	对列表元素进行原地逆序
list.sort()	对列表元素进行原地排序
list.copy()	返回列表对象的浅复制,该方法在 Python2 中没有

(1) 列表的创建与删除

① 使用"="直接将一个列表赋值给变量即可创建列表对象。

```
>>> a_list = ['a', 'b', 'mpilgrim', 'z', 'example']
>>> a_list = []  #创建空列表
```

② 使用 list() 函数将元组、range 对象、字符串或其他类型的可迭代对象类型的数据转换为列表。

```
>>> a_list = list((3,5,7,9,11))
>>> a_list
[3, 5, 7, 9, 11]
>>> list(range(1,10,2))
[1, 3, 5, 7, 9]
>>> list('hello world')
['h', 'e', 'l', 'l', 'o', ' ', 'w', 'o', 'r', 'l', 'd']
>>> x = list()  #创建空列表
>>> x
[]
```

内置函数 range()，这是一个非常有用的函数，后面会多次用到，该函数语法为：

range([start,] stop[, step])

内置函数 range()接收 3 个参数，第一个参数表示起始值(默认为 0)，第二个参数表示终止值(结果中不包括这个值)，第三个参数表示步长(默认为 1)，该函数在 Python 3.x 中返回一个 range 可迭代对象。

使用 del 命令删除整个列表，如果列表对象所指向的值不再有其他对象指向，Python 将同时删除该值。

```
>>> del a_list
>>> a_list
Traceback (most recent call last):
    File "<pyshell#6>", line 1, in <module>
        a_list
NameError: name 'a_list' is not defined
```

(2) 列表元素的增加

① 可以使用"+"运算符来实现将元素添加到列表中的功能。

```
>>> aList = [3,4,5]
>>> aList = aList + [7]
>>> aList
[3, 4, 5, 7]
```

该操作并不是真的为列表添加元素，而是创建一个新列表，并将原列表中的元素和新元素依次复制到新列表的内存空间。由于涉及大量元素的复制，该操作速度较慢，在涉及大量元素添加时不建议使用该方法。

② 使用列表对象的 append()方法。

```
>>> aList.append(9)
>>> aList
[3, 4, 5, 7, 9]
```

在列表尾部添加元素，速度较快，是推荐使用的方法。

③ 使用列表对象的 extend()方法。

可以将另一个迭代对象的所有元素添加至该列表对象尾部。通过 extend()方法来增加列表元素不改变其内存首地址，属于原地操作。

④ 使用列表对象的 insert()方法将元素添加至列表的指定位置。

```
>>> aList.insert(3,6)
>>> aList
[3, 4, 5, 6, 7, 9, 11, 13, 15, 17]
```

应尽量从列表尾部进行元素的增加与删除操作。列表的 insert()可以在列表的任意位置插入元素,但由于列表的自动内存管理功能,insert()方法会涉及插入位置之后所有元素的移动,这会影响处理速度。

⑤ 使用乘法运算符来扩展列表对象。

将列表与整数相乘,生成一个新列表,新列表是原列表中元素的重复。

```
>>> aList = [3,5,7]
>>> aList = aList * 3
>>> aList
[3, 5, 7, 3, 5, 7, 3, 5, 7]
>>> bList
[3,5,7]
>>> id(aList)
57092680
>>> id(bList)
57091464
```

(3) 列表元素的删除

① 使用 del 命令删除列表中指定位置上的元素。

前面已经提到过,del 命令也可以直接删除整个列表,这里不再赘述。

```
>>> a_list = [3,5,7,9,11]
>>> del a_list[1]
>>> a_list
[3, 7, 9, 11]
```

② 使用列表的 pop() 方法删除并返回指定位置上的元素。

如果给定的索引超出了列表的范围则抛出异常。

```
>>> a_list = list((3,5,7,9,11))
>>> a_list.pop()
11
>>> a_list
[3, 5, 7, 9]
>>> a_list.pop(1)
5
>>> a_list
[3, 7, 9]
```

③ 使用列表对象的 remove() 方法删除首次出现的指定元素。

如果列表中不存在要删除的元素,则抛出异常。

```
>>> a_list = [3,5,7,9,7,11]
>>> a_list.remove(7)
>>> a_list
[3, 5, 9, 7, 11]
```

(4) 列表元素的访问与计数

① 使用下标直接访问列表元素。

```
>>> aList[3]
6
>>> aList[3] = 5.5
>>> aList
[3, 4, 5, 5.5, 7, 9, 11, 13, 15, 17]
```

如果指定下标不存在,则抛出异常。

② 使用列表对象的 index 方法获取指定元素首次出现的下标。

```
>>> aList
[3, 4, 5, 5.5, 7, 9, 11, 13, 15, 17]
>>> aList.index(7)
4
```

若列表对象中不存在指定元素,则抛出异常。

③ 使用列表对象的 count 方法统计指定元素在列表对象中出现的次数。

```
>>> aList
[3, 4, 5, 5.5, 7, 9, 11, 13, 15, 17]
>>> aList.count(7)
1
>>> aList.count(0)
0
```

8.2.4 Python 函数

1. 函数定义与调用

将可能需要反复执行的代码封装为函数,并在需要该段代码功能的地方调用,不仅可以实现代码的复用,更重要的是可以保证代码的一致性,只要修改该函数代码则所有调用均受到影响。其基本形式为:

```
def 函数名([参数列表]):
    ''' 注释 '''
    函数体
```

① 函数形参不需要声明其类型,也不需要指定函数返回值类型;
② 即使函数不需要接收任何参数,也必须保留一对空的圆括号;
③ 括号后面的冒号必不可少;
④ 函数体相对于 def 关键字必须保持一定的空格缩进。

◆ 斐波那契数列

```
def fib(n):
    a, b = 0, 1
    while a < n:
        print(a, end = ' ')
        a, b = b, a + b
    print()
```

在定义函数时,开头部分的注释并不是必需的,但是如果为函数的定义加上这段注释,可以为用户提供友好的提示和使用帮助。例如,把上面生成斐波那契数列的函数定义修改为下面的形式,加上一段注释。

```
>>> def fib(n):
    '''accept an integer n.
       return the numbers less than n in Fibonacci sequence.'''
    a, b = 1, 1
    while a < n:
        print(a, end = ' ')
        a, b = b, a + b
    print()
```

2. 形参与实参

函数定义时小括号内为形参,一个函数可以没有形参,但是小括号必须要有,表示该函数不接收参数。

函数调用时向其传递实参,将实参的值或引用传递给形参。

在函数内直接修改形参的值不影响实参。

【例 8.1】编写函数,接受两个整数,并输出其中最大数。

```
def printMax(a, b):
    if a > b:
        pirnt(a, 'is the max')
    else:
        print(b, 'is the max')
printMax(3,5)

>>> 5 is the max
```

3. 参数类型

在 Python 中,函数参数有很多种,可以为普通参数、默认值参数、关键参数、可变长度参数等。

Python 函数的定义非常灵活,在定义函数时不需要指定参数的类型,也不需要指定函数的类型,完全由调用者决定,类似于重载和泛型。

函数编写如果有问题,则只有在调用时才能被发现,传递某些参数时执行正确,而传递另一些类型的参数时出现错误。

4. 默认值参数

其基本形式为:

def 函数名(形参名=默认值,……):
　　函数体

默认值参数必须出现在函数参数列表的最右端,且任何一个默认值参数右边不能有非默认值参数。

调用带有默认值参数的函数时,可以不对默认值参数进行赋值,也可以赋值,具有较大的灵活性。

```
def say( message, times = 1 ):
    print(message * times)
>>> say('hello')
hello
>>> say('hello',3)
hello hello hello
>>> say('hi',7)
hi hi hi hi hi hi hi
```

再例如,下面的函数使用指定分隔符将列表中所有字符串元素连接成一个字符串。

```
def Join(List,sep = None):
    return (sep or ' ').join(List)
>>> aList = ['a', 'b', 'c']
>>> Join(aList)
'a b c'
>>> Join(aList, ',')
'a,b,c'
```

默认参数只被解释一次,可以使用函数名.func_defaults查看默认参数的当前值。

5. 关键参数

关键参数主要指实参,即调用函数时的参数传递方式。

通过关键参数传递,实参顺序可以和形参顺序不一致,但不影响传递结果,避免了用户需要牢记位置参数顺序的麻烦。

```
def demo(a,b,c = 5):
    print a,b,c
>>> demo(3,7)
3 7 5
>>> demo(a = 7,b = 3,c = 6)
```

```
7 3 6
>>> demo(c = 8,a = 9,b = 0)
9 0 8
```

6. 可变长度参数

可变长度参数主要有两种形式：* parameter 和 * * parameter，前者用来接收多个实参并将其放在一个元组中，后者接收字典形式的实参。

```
def demo( * p):
    print (p)
>>> demo(1,2,3)
(1, 2, 3)
>>> demo(1,2)
(1, 2)
>>> demo(1,2,3,4,5,6,7)
(1, 2, 3, 4, 5, 6, 7)
def demo( * * p):
    for item in p.items():
        print item
>>> demo(x = 1,y = 2,z = 3)
('y', 2)
('x', 1)
('z', 3)
```

注意：几种不同类型的参数可以混合使用，但是不建议这样做。

8.2.5 Python 面向对象程序设计

1. 类定义与使用

面向对象程序设计（Object Oriented Programming，OOP）的思想主要针对大型软件设计而提出，使软件设计更加灵活，能够很好地支持代码复用和设计复用，并且使代码具有更好的可读性和可扩展性。面向对象程序设计的一条基本原则是计算机程序由多个能够起到子程序作用的单元或对象组合而成，这大大地降低了软件开发的难度，使编程就像搭积木一样简单。

Python 完全采用了面向对象程序设计的思想，是真正面向对象的高级动态编程语言，完全支持面向对象的基本功能，如封装、继承、多态以及对基类方法的覆盖或重写。但与其他面向对象程序设计语言不同的是，Python 中对象的概念很广泛，Python 中的一切内容都可以称为对象，而不一定必须是某个类的实例。

Python 使用 class 关键字来定义类，class 关键字之后是一个空格，然后是类的名字，再然后是一个冒号，最后换行并定义类的内部实现。类名的首字母一般要大写，当然也可以按照自己的习惯定义类名，但是一般推荐参考惯例来命名，并在整个系统的设计和实现中保持风格一致，这一点对于团队合作尤其重要。例如：

定义了类之后，可以用来实例化对象，并通过"对象名.成员"的方式来访问其中的数据成员或成员方法，代码如下：

```
class Car (object):
    def infor(cls):
        print('This is car')
>>> car = Car()
>>> car.infor()
This is a car
```

在 Python 中，可以使用内置方法 isinstance() 来测试一个对象是否为某个类的实例，下面的代码演示了 isinstance() 的用法。

```
>>> isinstance(car, Car)
True
>>> isinstance(car, str)
False
```

最后，Python 提供了一个关键字"pass"，类似于空语句，可以用在类和函数的定义中或者选择结构中。当暂时没有确定如何实现功能，或者为以后的软件升级预留空间，或者其他类型功能时，可以使用该关键字来"占位"。例如下面的代码都是合法的：

```
>>> class A:
    pass
>>> def demo():
    pass
>>> if 5>3:
    pass
```

类的所有实例方法都必须至少有一个名为"self"的参数，并且必须是方法的第一个形参（如果有多个形参），"self"参数代表将来要创建的对象本身。在类的实例方法中访问实例属性时需要以"self"为前缀，但在外部通过对象名调用对象方法时并不需要传递这个参数，如果在外部通过类名调用对象方法则需要显式为 self 参数传值。

在 Python 中，在类中定义实例方法时将第一个参数定义为"self"只是一个习惯，而实际上类的实例方法中第一个参数的名字是可以变化的，而不必须使用"self"这个名字，例如下面的代码：

```
class A:
    def __init__(hahaha, v):
        hahaha.value = v
    def show(hahaha):
        print(hahaha.value)
>>> a = A(3)
>>> a.show()
3
```

2. 类成员与实例成员

这里主要指数据成员,或者广义上的属性。可以说属性有两种:一种是实例属性;另一种是类属性。实例属性一般是指在构造函数__init__()中定义的,定义和使用时必须以 self 作为前缀;类属性是在类中所有方法之外定义的数据成员。在主程序中(或类的外部),实例属性属于实例(对象),只能通过对象名访问;而类属性属于类,可以通过类名或对象名访问。

在类的方法中可以调用类本身的其他方法,也可以访问类属性以及对象属性。在 Python 中比较特殊的是,可以动态地为类和对象增加成员,这一点是和很多面向对象程序设计语言不同的,也是 Python 动态类型特点的一种重要体现。

```
class Car:
    price = 100000    #定义类属性
    def __init__(self, c):
        self.color = c  #定义实例属性
car1 = Car("Red")
car2 = Car("Blue")
print(car1.color, Car.price)
Car.price = 110000  #修改类属性
Car.name = 'QQ'  #增加类属性
car1.color = "Yellow"  #修改实例属性
print(car2.color, Car.price, Car.name)
print(car1.color, Car.price, Car.name)
```

Python 并没有对私有成员提供严格的访问保护机制。在定义类的属性时,如果属性名以两个下画线"__"开头则表示是私有属性,否则是公有属性。私有属性在类的外部不能直接访问,需要通过调用对象的公有成员方法来访问,或者通过 Python 支持的特殊方式来访问。Python 提供了访问私有属性的特殊方式,可用于程序的测试和调试,对于成员方法也具有同样的性质。

私有属性是为了数据封装和保密而设的属性,一般只能在类的成员方法(类的内部)中使用访问,虽然 Python 支持一种特殊的方式来从外部直接访问类的私有成员,但是并不推荐您这样做。公有属性是可以公开使用的,既可以在类的内部进行访问,也可以在外部程序中使用。

```
class A:
    def __init__(self, value1 = 0, value2 = 0):
        self._value1 = value1
        self.__value2 = value2
    def setValue(self, value1, value2):
        self._value1 = value1
        self.__value2 = value2
    def show(self):
```

```
        print(self._value1)
        print(self.__value2)
>>> a = A()
>>> a._value1
0
>>> a._A__value2  # 在外部访问对象的私有数据成员
0
```

在 IDLE 环境中,在对象或类名后面加上一个圆点".",稍等 1 s 则会自动列出其所有公开成员,模块也具有同样的特点。

而如果在圆点"."后面再加一个下画线,则会列出该对象或类的所有成员,包括私有成员。

在 Python 中,以下画线开头的变量名和方法名有特殊的含义,尤其是在类的定义中。用下画线作为变量名和方法名前缀和后缀来表示类的特殊成员:

_xxx:这样的对象叫做保护成员,不能用 'from module import *' 导入,只有类对象和子类对象能访问这些成员。

__xxx__:系统定义的特殊成员。

__xxx:类中的私有成员,只有类对象自己能访问,子类对象也不能访问这个成员,但在对象外部可以通过"对象名._类名__xxx"这样的特殊方式来访问。Python 中不存在严格意义上的私有成员。

另外,在 IDLE 交互模式下,一个下画线"_"表示解释器中最后一次显示的内容或最后一次语句正确执行的输出结果。例如:

```
>>> 3 + 5
8
>>> _ + 2
10
>>> _ * 3
30
class Fruit:
    def __init__(self):
        self.__color = 'Red'
        self.price = 1
>>> apple = Fruit()
>>> apple.price  # 显示对象公开数据成员的值
1
>>> apple.price = 2  # 修改对象公开数据成员的值
>>> apple.price
2
>>> print(apple.price, apple._Fruit__color)  # 显示对象私有数据成员的值
2 Red
```

```
>>> apple._Fruit__color = "Blue"  #修改对象私有数据成员的值
>>> print(apple.price, apple._Fruit__color)
2 Blue
```

3. 方 法

在类中定义的方法可以粗略分为4大类：公有方法、私有方法、静态方法和类方法。其中，公有方法、私有方法都属于对象，私有方法的名字是以两个下画线"__"开始，每个对象都有自己的公有方法和私有方法，在这两类方法中可以访问属于类和对象的成员；公有方法通过对象名直接调用，私有方法不能通过对象名直接调用，只能在属于对象的方法中通过"self"调用或在外部通过Python支持的特殊方式来调用。

如果通过类名来调用属于对象的公有方法，则需要显式为该方法的"self"参数传递一个对象名，用来明确指定访问哪个对象的数据成员。静态方法和类方法都可以通过类名和对象名调用，但不能直接访问属于对象的成员，只能访问属于类的成员。一般将"cls"作为类方法的第一个参数名称，但也可以使用其他的名字作为参数，并且在调用类方法时不需要为该参数传递值。

```
class Root:
    __total = 0
    def __init__(self, v):
        self.__value = v
        Root.__total += 1
    def show(self):
        print('self.__value:', self.__value)
        print('Root.__total:', Root.__total)
    @classmethod
    def classShowTotal(cls):  #类方法
        print(cls.__total)
    @staticmethod
    def staticShowTotal():  #静态方法
        print(Root.__total)
>>> r = Root(3)
>>> r.classShowTotal()  #通过对象来调用类方法
1
>>> r.staticShowTotal()  #通过对象来调用静态方法
1
>>> r.show()
self.__value: 3
Root.__total: 1
>>> rr = Root(5)
>>> Root.classShowTotal()  #通过类名调用类方法
2
>>> Root.staticShowTotal()  #通过类名调用静态方法
```

```
2
>>> Root.show()  #试图通过类名直接调用实例方法,失败
Traceback (most recent call last):
    File "<pyshell#9>", line 1, in <module>
        Root.show()
TypeError: unbound method show() must be called with Root instance as first argument (got nothing instead)
```

4. 属　性

在 Python 3.x 中,属性得到了较为完整地实现,支持更加全面的保护机制。例如下面的代码所示,如果设置属性为只读,则无法修改其值,也无法为对象增加与属性同名的新成员,同时,也无法删除对象属性。

```
class Test:
    def __init__(self, value):
        self.__value = value
    @property
    def value(self):  #只读,无法修改和删除
        return self.__value
>>> t = Test(3)
>>> t.value
3
>>> t.value = 5  #只读属性不允许修改值
出错信息(略)
AttributeError: can't set attribute
>>> t.v = 5  #动态增加新成员
>>> t.v
5
```

下面的代码则把属性设置为可读、可修改,而不允许删除。

```
class Test:
    def __init__(self, value):
        self.__value = value
    def __get(self):
        return self.__value
    def __set(self, v):
        self.__value = v
    value = property(__get, __set)
    def show(self):
        print(self.__value)
```

8.3 深入理解 Python 库

Python 的 GUI 库非常多,之所以选择 Tkinter,一是最为简单;二是自带库,不需下载安装,随时使用,跨平台兼容性非常好。本节将基于一系列实例来介绍 Tkinter 控件。

1. 窗口创建与布局

做界面,首先需要创建一个窗口,Python Tkinter 创建窗口很简单,代码如下:

```
from tkinter import *
#初始化 Tk()
myWindow = Tk()
#进入消息循环
myWindow.mainloop()
```

上述程序创建的窗口是非常简易的,有待进一步美化,设置标题、窗口大小、窗口是否可变等,涉及的属性有:title(设置窗口标题)、geometry(设置窗口大小)、resizable(设置窗口是否可以变化长宽)。实例如下:

```
from tkinter import Tk
#初始化 Tk()
myWindow = Tk()
#设置标题
myWindow.title('俄罗斯方块')
#设置窗口大小
myWindow.geometry('380x300')
#设置窗口是否可变长、宽,True:可变,False:不可变
myWindow.resizable(width = False, height = True)
#进入消息循环
myWindow.mainloop()
```

进一步,将窗口放置于屏幕中央,实例如下:

```
from tkinter import Tk
#初始化 Tk()
myWindow = Tk()
#设置标题
myWindow.title('俄罗斯方块')
#设置窗口大小
width = 380
height = 300
#获取屏幕尺寸以计算布局参数,使窗口居屏幕中央
```

```
screenwidth = myWindow.winfo_screenwidth()
screenheight = myWindow.winfo_screenheight()
alignstr = '%dx%d+%d+%d' %
(width, height, (screenwidth - width)/2, (screenheight - height)/2)
myWindow.geometry(alignstr)
#设置窗口是否可变长、宽,True：可变,False：不可变
myWindow.resizable(width = False, height = True)
#进入消息循环
myWindow.mainloop()
```

2. 常用控件

仅有窗口并不能实现交互,还需要控件,Tkinter 提供了各种控件,如按钮、标签和文本框。在一个 GUI 应用程序中使用这些控件通常被称为控件或者部件,目前有19种 Tkinter 部件,如表1-8.5 所列。

表 1-8.5 Tkinter 控件

控 件	描 述
Button	按钮控件,在程序中显示按钮
Canvas	画布控件,显示图形元素如线条或文本
Checkbutton	多选框控件,用于在程序中提供多项选择框
Entry	输入控件,用于显示简单的文本内容
Frame	框架控件,在屏幕上显示一个矩形区域,多用来作为容器
Label.	标签控件,可以显示文本和位图
Listbox	列表框控件,用于显示一个项目列表
Menubutton	菜单按钮控件,由于显示菜单项
Menu	菜单控件,显示菜单栏、下拉菜单和弹出菜单
Message	消息控件,用来显示多行文本,与 label 比较类似
Radiobutton	单选按钮控件,显示一个单选的按钮状态
Scale	范围控件,显示一个数值刻度,为输出限定范围的数字区间
Scrollbar	滚动条控件,当内容超过可视化区域时使用,如列表框
Text	文本控件,用于显示多行文本
Toplevel	容器控件,用来提供一个单独的对话框,与 Frame 比较类似
Spinbox	输入控件,与 Entry 类似,但是可以指定输入范围值
PanedWindow	窗口布局管理的插件,可以包含一个或者多个子控件
LabelFrame	简单的容器控件。常用于复杂的窗口布局
tkMessageBox	用于显示应用程序的消息框

3. 几何管理

Tkinter 控件有特定的几何状态管理方法,管理整个控件区域组织,以下是 Tkinter

公开的几何管理类：包、网格、位置，如表1-8.6所列。

表1-8.6　Tkinter控件几何管理

几何方法	描述	属性说明
pack()	组件设置位置属性参数	after：将组件置于其他组件之后； before：将组件置于其他组件之前； anchor：组件的对齐方式； side：组件在主窗口的位置； fill：填充方式(Y,垂直,X,水平)； expand：1可扩展,0不可扩展
grid()	网格	column：组件所在的列起始位置； columnspam：组件的列宽； row：组件所在的行起始位置； rowspam：组件的行宽
place()	位置	anchor：组件对齐方式； x：组件左上角的x坐标； y：组件右上角的y坐标； relx：组件相对于窗口的x坐标,应为0~1之间的小数； rely：组件相对于窗口的y坐标,应为0~1之间的小数； width：组件的宽度； height：组件的高度； relwidth：组件相对于窗口的宽度,0~1； relheight：组件相对于窗口的高度,0~1

Lable标签控件，基本用法为：

Lable(root,option…)

即

Label(根对象,[属性列表])

其中属性列表如表1-8.7所列。

表1-8.7　Lable标签控件

可选属性	说明
text	文本内容,如text="login"
bg	背景色,如bg="red",bg="#FFS6EF"
fg	前景色,如fg="red",fg="FFS6EF"
font	字体及大小,如font=("Arial",8),font=("Helvetica 16 bold")
width	标签宽度,如width=30
height	标签高度,如height=10

续表 1-8.7

可选属性	说　明
padx	标签水平方向的边距,默认为 1 像素
pady	标签竖直方向的边距,默认为 1 像素
justify	标签文字对齐方向,可选项包括 LEFT,RIGHT, CENTER
image	标签插入图片,插入的图片必须由 PhotoImage 转换格式后才能插入,并且转换的图片格式必须是.gif 格式
compound	同一个标签既显示文本又显示图片,可用此参数将其混叠起

Lable 控件实例,标签展示文本,代码如下：

```
from tkinter import *
#初始化 Tk()
myWindow = Tk()
#设置标题
myWindow.title('Python GUI Learning')
#创建一个标签,显示文本
Label(myWindow, text = "user-name",bg = 'red',font = ('Arial 12 bold'),width = 20,height = 5).pack()
Label(myWindow, text = "password",bg = 'green',width = 20,height = 5).pack()
#进入消息循环
myWindow.mainloop()
```

执行结果如图 1-8.5 所示。

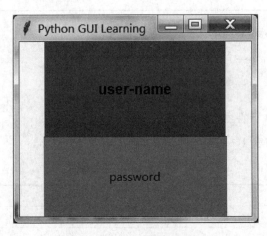

图 1-8.5　程序运行结果

4. Button 控件

Button 控件是一个标准的 Tkinter 部件,用于实现各种按钮。按钮可以包含文本或图像,还可以关联 Python 函数。

当 Tkinter 的按钮被按下时,会自动调用该函数。

按钮文本可跨越一个以上的行。此外,文本字符可以有下画线,例如标记的键盘快捷键。默认情况下,使用 Tab 键可以移动到一个按钮部件,用法如下:

Entry(根对象,[属性列表]),即 Entry(root,option…)

常用的属性如表 1-8.8 所列。

表 1-8.8 Button 控件属性

可选属性	描述
text	显示文本内容
command	指定 Button 的事件处理函数
compound	同一个 Button 既显示文本又显示图片,可用此参数将其混叠起来,compound='bottom'(图像居下),compound='center'(文字覆盖在图片上)。Left、right、top 略
bitmap	指定位图,如 bitmap=BitmapImage(file=filepath)
image	Button 不仅可以显示文字,也可以显示图片,image=PhotoImage(file="../xxx/xx.gif"),目前仅支持 gif、PGM、PPM 格式的图片
focus_set	设置当前组件得到的焦点
master	代表了父窗口
bg	背景色,如 bg="red",bg="#FF56EF"
fg	前景色,如 fg="red",fg="#FF56EF"
font	设置字体及大小
height	设置显示高度,如果未设置此项,则其大小应适应内容标签
relief	指定外观装饰边界附近的标签,默认是平的,可以设置的参数:fat、groove、raised、ridge、solid、sunken
width	设置显示宽度,如果未设置此项,则其大小应适应内容标签
wraplength	将此选项设置为所需的数量限制每行的字符,数默认为 0
state	设置组件状态,正常(normal)、激活(active)、禁用(disabled)
anchor	设置 Button 文本在控件上的显示位置,可用值:n(nortb)、s(south、w(west)、e(east)和 ne、nw、se、sw
textvariable	设置 Button 与 textvariable 的属性
bd	设置 Button 的边框大小,bd(bordwidth)缺省为 1 或 2 个像素

Button 实例,创建按钮,代码如下:

```
from tkinter import *
# 初始化 Tk()
myWindow = Tk()
# 设置标题
myWindow.title('Python GUI Learning')
```

```
#创建两个按钮
b1 = Button(myWindow, text = 'button1',bg = "red", relief = 'raised', width = 8, height = 2)
b1.grid(row = 0, column = 0, sticky = W, padx = 5,pady = 5)
b2 = Button(myWindow, text = 'button2', font = ('Helvetica 10 bold'),width = 8, height = 2)
b2.grid(row = 0, column = 1, sticky = W, padx = 5, pady = 5)
#进入消息循环
myWindow.mainloop()
```

执行结果如图1-8.6所示。

图1-8.6 程序运行结果

8.4 综合案例：俄罗斯方块游戏制作

1. 导入模块

```
from tkinter import *
from random import *
import threading
from tkinter.messagebox import showinfo
from tkinter.messagebox import askquestion
from time import sleep
```

2. 定义类 BrickGame

① 定义相关类属性。

```
class BrickGame(object):
    start = True;  #是否开始
    isDown = True;  #是否到达底部
    isPause = False;  #是否暂停
    window = None;  #窗体
    frame1 = None;  #frame
    frame2 = None;
    btnStart = None;  #按钮
    canvas = None;  #绘图类
```

```
canvas1 = None;
title = "俄罗斯方块"；#标题
width = 450；#宽
height = 670；#高
rows = 20；#行
cols = 10；#列
downThread = None；#下降方块的线程
```

② 方块的形状通过列表的嵌套来实现。
俄罗斯方块中的方块设计如图 1-8.7 所示。

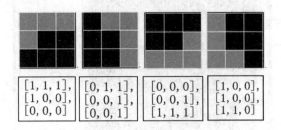

图 1-8.7　程序运行结果

③ 在 init()实例方法中完成游戏界面的设计,其中 gridBack 是用来设计左面游戏界面的网格,preBack 是用来设计右面小的网格。

④ 在 drawRect()实例方法中,绘制方块、预览方块、当前正在运动的方块,同时还要判断方块是否已经运动到达底部,如果到达底部,还需要判断整行消除、游戏是否结束,还要获取下一个方块。

⑤ 在 removeRow()实例方法中判断整行需要消除,用实例属性 count 记录可以消除的行数,每消除一行分数加 10 分。

⑥ 在 onKeyboardEvent()实例方法中监听键盘按键事件,通过 keycode 键码的值来判断那个按键,向上方向键用来变化方块的形状,向左方向键用来左移方块,向右方向键用来右移方块,向下方向键用来下移方块。

⑦ 在 isEdge()实例方法中判断当前方块是否到达边界,左右移动和方块变形都要进行边界判断。

⑧ 在__init__()构造方法里完成窗口、标签、画布、开始按钮、暂停按钮、重新开始按钮、退出按钮等控件的创建,同时调用 init()和 drawRect()实例方法,启动方块下落线程。

⑨ 创建 BrickGame 类的对象 brickGame,会自动调用__init__()构造方式,运行程序。

程序运行结果如图 1-8.8 所示。

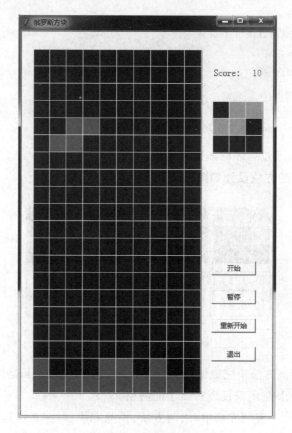

图1-8.8 程序运行结果

第9章 UI 界面设计

UI 设计是指对软件的人机交互、操作逻辑、界面美观的整体设计,也叫界面设计。UI 设计分为实体 UI 和虚拟 UI,互联网说的 UI 设计是虚拟 UI,UI 即 User Interface(用户界面)的简称。

好的 UI 设计不仅能让软件变得有个性、有品位,而且还能让软件的操作变得舒适简单、自由,充分体现软件的定位和特点。

9.1 视觉传达设计信息

9.1.1 知识导读:视觉传达设计中的图形语言

图形作为一种视觉语言,是人与人之间沟通的一种形式。它不分国界、民族、语言差异,让人们的思想感情得到了传达。图形是一种特殊的视觉语言符号,它既是视觉传达设计中重要的组成部分,同时又可以提升视觉传播的质量与变现力。图形的意义不是凭空创造出来的,它是一种文化的积淀,也是一种积累。图形语言的创意增强了视觉传达的吸引力和冲击力,引起大众对作品的无限联想。

1. 图形语言中的视觉形态要素

图形语言中的视觉形态要素——具象形态和抽象形态,这两种形态的造型都各有其特色,在视觉传达瞬间的过程中给人留下完整、强烈、深刻、生动的印象。

(1) 具象形态

具象形态在图形语言中的表现是多样化的,常通过绘画、摄影、概括及夸张的手法来反映客观事物的具体形象。具象形态通长是按照客观事物的本来面貌去构造写实的,与实际形态相似,可以反映物象细节的真实性和典型性的真实本质。

(2) 抽象形态

抽象形态是指点、线、面经过变化形式构成的非具象形态,它在画面中具有丰富的变现余地,有其独有的变现魅力。

2. 图形语言在视觉中传达

(1) 震撼的视觉冲击力

吸引大众的注意力是设计的首要前提,而如何让大众的视觉感官受到深刻的影响,以达到留下深刻的印象,就需要设计者对图形创意有大胆的创新,敢于打破常规。可以用层次感、色彩诱导、视觉线牵引、明暗诱导、抓突破点、瞬间捕捉、比例大小、视觉幻象等常见设计形式,也可以运用超现实主义手法与不同寻常的逻辑思维,如同构图形、弯曲图形、置换图形、影化图形、维变图形等。总的来说,图形的合理运用在设计中是至关重要的,设计是否成功取决于作品中图形所传达的效果是否能被欣赏者所理解。因为大众的印象是有限的,而震撼的视觉冲击力可以让大众在不经意间留下深刻的印象。

(2) 独特的创新力

许多时候设计者总是绞尽脑汁地用构图来表达图形语言,但很多的形式都已被发掘。因此,大胆地创新、不断突破常规的创意才能引起大众的注意,所以独特性和原创性才是作品成功的关键。因此,构思图形时,一定要找到独特的事物传达创意,这需要设计师潜心观察事物、锻炼思维、求新求变、不拘一格,同时,需要查阅、观看更多好的设计,从中学之以长。当然,一切的创新都是运用已知的信息,不断突破旧的思维模式、旧的常规戒律,在平面设计中对内容的表现形式和手段的创新,以及内容的丰富和完善。

(3) 简洁的概括力

吸引大众的关键是具有冲击力的视觉符号,它不但要在设计作品中准确表达主题含义,还要用简洁的方式让大众去理解。而简洁也是衡量设计作品的标准。简洁是一种美,是艺术审美中最重要的特征之一,在国际化、即时性的现代,简洁的图形语言更具有时代性,更符合大众的审美意识。简洁并不代表简单,它是通过最简洁的图形来表现繁复,以简约的手法尽可能地展现丰富的内容。在设计中,对于图形的使用,要懂取舍,掌握一个度。所以说如何让设计简洁而不失其含义,语言简练且概括,同时又能充分展现出设计的目的,这是现代设计师迫切需要解决的问题。

(4) 丰富的感染力

感染力是用语言或艺术形式传达某种意境使受众产生新一轮的感知反映。一件优秀的设计作品是通过设计的理念、感性及设计的显现这三方面表达出作品的感染力。由此可见,设计的理念、设计的感性和设计的显现这三个方面在设计领域中是极其重要的三个方向,是感染力的三个要素。优秀的设计作品可以让观赏者产生情感共鸣,而这样就需要很强的感染力。设计者的艺术教养、美学感悟、专业技术水平等因素都会影响其艺术表现力。要想研究图形语言,其艺术的表现力无疑就是一把开启设计者与欣赏者之间沟通的钥匙。总之,图形语言的完美表现是符合形式美的法则,是视觉享受的过程,是美学、广告学、传播学、心理学、文学等众多艺术形式和多学科领域的完美结合。

9.1.2 知识扩展:图形语言在视觉传达中的错误表达

眼睛使人们能看见周边事物的实在情况,但也有画家使用空间感或特殊的表现手法,让人们的视觉发生过错或错觉,无法判别图片的实在表现。

① 你刚出门发现的这只凶猛的野兽(见图1-9.1)
② 沙尘让这座摩洛哥清真寺看起来像在漂浮着(见图1-9.2)。
③ 房间"201-216"到底是往左还是往右?(见图1-9.3)。
④ 盲人是否可以开车?(见图1-9.4)。

图1-9.1 视觉错误示例(一)

图1-9.2 视觉错误示例(二)

图1-9.3　视觉错误示例(三)

图1-9.4　视觉错误示例(四)

⑤ 人在上面还是在下面呢？这是一张会让人产生视觉过错的著作，会让人的空间感紊乱，看着人是像在上面，但仔细看上面的人，却又感觉下面的人是在建筑的下面，你感觉呢？（见图1-9.5）。

图1-9.5 视觉错误示例（五）

在图片上由于明暗和阴影的影响，使我们得到凸出或凹入的知觉。同一张图片中的物体明亮部分在上方，阴影部分在下方，看上去这个物体是凸出的。如果把这张图片上下倒置过来，就会得到凹进去的知觉。这是我们长时间的生活经验造成的，在生活中光源（阳光）总是位于上方，这就自然形成凸出来的物体的明亮部分位于该物的上方，阴影在下方。所以把同一张图片倒置就会得到相反的图像知觉。在平面设计时需要考虑以下几个方面：

➤ 空间布局。这是首要事项。元素放置要合理，并且绝不可堆积，让人感觉凌乱，所以留白很重要。
➤ 颜色搭配。颜色分类中有暖色调、中性色调、冷色调。其中暖色调和冷色调的搭配非常严格，所以一个平面内或一个系列的设计，最好先定好色调，并将一个色定为主色调，然后其他的色应与主色相符，最好不要用相冲的颜色——特殊设计不在此列。而且主色与辅色数量不宜过多，否则容易让人感觉眼花缭乱。个人推荐以两色或三色为佳，最多不超过五色。
➤ 插图与辅件要合理，插图或底纹除了颜色不能与主色相冲外，更不可喧宾夺主，否则就本末倒置了。

9.2 UI 设计知识理论

9.2.1 UI 设计基础

1. UI——User Interface 用户界面

用户界面其实是一个比较广泛的概念,指人和机器互动过程中的界面,以车为例子,方向盘、仪表盘、换挡器等都属于用户界面。现在一般把屏幕上显示的图形用户界面(GUI:Graphic User Interface)都简单称为 UI。

2. UE or UX——User Experience 用户体验

用户体验是指用户在使用产品过程中的个人主观感受。关注用户使用前、使用过程中、使用后的整体感受,包括行为、情感、成就等各个方面。用户体验是整体感受,所以不仅仅来自于用户界面,那只是其中的一部分。

3. IxD——Interaction Design 交互设计

交互指任何机器互动的过程,交互设计通过了解人的心理、目标和期望,使用有效的交互方式来让整个过程可用、易用。交互设计的主要对象是人机界面(UI),但不仅限于图形界面(GUI)。为了达到目标,交互设计师需要关注心理、文化、人体工程等许多方面的内容。

4. UID——User Interface Design 用户界面设计

用户界面设计(UID)不仅仅是做"漂亮的界面",所以不可避免地会涉及交互设计。所以广义来说,界面设计包含交互设计,但是现在很少提这个概念了。

5. UED——User Experience Design 用户体验设计

用户体验是个人主观感受,但是共性的体验是可以经由良好的设计提升的。用户体验设计旨在提升用户使用产品的体验。在互联网企业中,一般将视觉界面设计、交互设计和前端设计都归为用户体验设计。但实际上用户体验设计贯穿于整个设计流程,是必然涉及到的,只是重视与否。

6. UCD——User Centered Design 以用户为中心的设计

UCD 是一种设计模式、思维,强调在产品设计过程中,从用户角度出发进行设计,用户优先。产品设计有个 BTU(Business、Technique、User)三圈图,即一个好的产品,应该兼顾商业盈利、技术实现和用户需求。无论是 B、T 还是 U 为优先进入产品设计,都可以设计出好的产品。UCD 只是强调用户优先。

9.2.2 UI 设计平台

1. 移动端的 UI 设计

移动端的 UI 设计通常针对的是手机用户,包括各种 APP 的页面、软件内部的界面设计、登录界面等,通常移动端的设计较为简洁,除了特殊要求外,不会采用过于复杂的颜色。而在移动端,扁平化风格的设计居多。

2. PC 端设计

PC 端的设计通常是针对计算机用户,各种 PC 端的图标,由于平台不同,PC 端的设计颜色更为跳跃,渐变色的使用也更多。

3. 游戏 UI

游戏的登录界面、游戏装备界面、人物属性界面统统都属于游戏 UI 的范畴,游戏的 UI 不像手机端以简洁为主,其元素涉及更为广泛,颜色样式的可选择性也更多。

4. 其他类型

像 VR、智能电视、车载系统等地方,用户虽然不像前三种那么庞大,但未来会不会大幅度增长,犹未可知。

9.2.3 UI 设计风格

1. 拟物化风格

在传统的 UI 设计中二维的处理手法较为常见,而随着发展 UI 设计风格慢慢趋于 3D 的效果呈现,内容有纵深感,还增加了一定的趣味性,让画面感更为丰富。

2. 渐变色设计

2018 年的渐变不再是像拟物化时代为了还原物体本身的空间所做的处理,而是为了营造氛围和产品气质使用。设计师能把不同的设计语言灵活的去运用,而不仅用于某个系统平台。

3. 半扁平化设计

半扁平化设计是结合了 material design 和 flat design 两种风格的处理手法,使简洁的设计上多一些空间感,让系统的不同层面的元素都是有原则、可预测的,不让用户感到无所适从。

9.3 UI 组件开发

9.3.1 墨刀使用指南

1. 开发工具环境

登录墨刀官方网站可以下载墨刀软件,另外可以在官网选择在线注册和设计,免去下载。墨刀下载网址为:https://modao.cc/features。此外,下载软件根据自身机器的操作系统会有软件包的区分,下载的版本根据收费与否分为个人免费版、个人版、企业版三种。个人免费版有项目和空间限制,详情见墨刀官网。

2. Mocking 界面详解

（1）项目创建与删除以及项目保存

项目创建与删除在初始登录面板完成，项目在云端按时间段自动保存，也可以在项目编辑面板选择手动保存编辑。

（2）UI 适配选择

UI 适配选择主要针对于原型的设计是应用于移动端还是 PC 端，在项目初始创建时会有选择菜单。

（3）面板工具详解

面板工具大致可以分为七个大部分，属于常用工具，如图 1-9.6 所示。

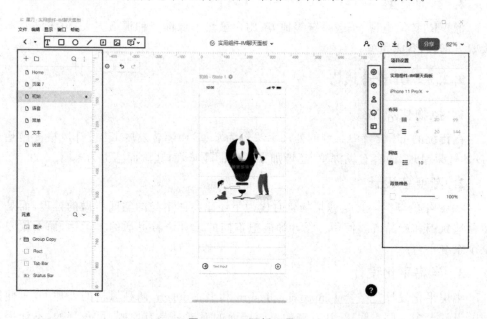

图 1-9.6　面板工具

左侧红色方框为页面管理区，可以新建、删除页面，也可以添加子页面，所谓子页面就是当前页面的附属页面，可以是弹窗等。

上方红色方框为功能栏，主要负责保存当前编辑项目，退出到主项目，预览当前编辑项目，其中预览可以直接看到机器上的运行效果，并进行交互。

中间区域为主编辑区，可拖动控件进入，编辑控件的响应模式与方法，链接页面跳转，插入各个设计元素等，完成 UI 原型的开发。

右侧红色窄方框可以选择插入控件的种类，拖入内置图标，设置自定义控件等。

右侧红色框内可以设置字体、样式、颜色、填充、位置等编辑特效。

3. 原型开发

UI 设计元素有文本工具、自定义控件、图形、图片、图标，以及其他设计元素（如聊天气泡）和特殊设计元素（如 ios 专属设计图标）等。使用这些设计元素可以对适配的机器类型进行 UI 原型设计。

9.3.2 知识问答

Q1：全局状态中为什么不能添加交互链接？

答：全局的组件跟动画怎么动没关系，它决定了默认状态和其他新建的状态里都有什么组件，所以不能在全局状态里添加交互链接。

Q2：全局状态除了用来添加组件还有什么用？

答：在全局状态下修改或增加一个组件，其他所有状态都会随之修改或增加。如果我们需要统一修改某个组件在所有状态中的外观、位置时，我们可以在全局状态下修改。

Q3：一个页面或页面状态可以连接到其他页面的非默认状态吗？

答：由于实现原因，这种连接方式目前暂不支持。

9.4 党史教育学习 APP 设计开发

今年是中国共产党成立 100 周年，从 1921 年成立以来，党已经走过了 100 年艰辛而辉煌的风雨历程。我们都知道，党的历史是中华民族的独立、解放、繁荣和为中国人民的自由、民主、幸福而不懈奋斗的历史。这 100 年，是马克思主义基本原理同中国具体实际相结合、不断推进马克思主义中国化的 100 年，是我们党经受各种风浪考验、不断发展壮大，不断开创各项事业新局面的 100 年。

中国共产党的百年奋斗历程，是党与全国各族人民心连心、同呼吸、共命运的 100 年，是党团结带领中国人民历经风雨沧桑、坚韧前行的 100 年，是党矢志践行为中国人民谋幸福、为中华民族谋复兴的初心使命的 100 年。党史教育 APP 设计首页如图 1-9.7 所示。

图 1-9.7　党史教育 APP 设计首页

1. 发　现

习近平总书记指出，光荣传统不能丢，丢就丢了魂；红色基因不能变，变了就变了质。在"发现"里面，我们把关于党的一些近期热点做一个总结与每日更新，中间滚动的弹幕是每日热点。党史教育 APP 设计"发现"如图 1-9.8 所示。

在 100 年的非凡奋斗历程中，一代又一代中国共产党人不懈奋斗、追求卓越，涌现

图 1-9.8　党史教育 APP 设计"发现"

了一大批革命烈士、先进模范,形成了井冈山精神、长征精神、遵义会议精神、延安精神、抗美援朝精神、"两弹一星"精神,构筑起了中国共产党人的精神谱系。

2. 视　频

中国共产党经过百年奋斗历程,饱经磨难而生生不息,在困难中铸就辉煌。这百年奋斗历程凝聚着中国共产党人顽强拼搏、牺牲奉献、开拓进取的伟大品格。那么我们将会以视频的形式,向大家展示在中国共产党领导下,新生代与老一辈将如何继承和发扬我们艰苦奋斗的伟大品格。党史教育 APP 设计"视频"如图 1-9.9 所示。

图 1-9.9　党史教育 APP 设计"视频"

3. 学习

加入可以真正提高用户党史知识方面的学习资料,使用户对党史有一个更加深入地认识,并加入一些与党史有关的练习题目,学习的同时,我们也要在实际工作中继承和发扬红色文化精神,深刻领会并坚守信仰,坚定革命信念,担起时代使命。党史教育APP设计"学习"如图1-9.10所示。

图1-9.10 党史教育APP设计"学习"

4. 专业思政

中国特色社会主义建设取得了历史性成就,我们比历史上任何时期都更接近、更有信心和有能力实现中华民族伟大复兴的目标。越是如此,越要预防被暂时的成就冲昏头脑而迷失方向,越不能放松警惕和自我要求。党史教育APP设计"专业思政"如图1-9.11所示。

图1-9.11 党史教育APP设计"专业思政"

第 10 章　移动媒体的设计与开发

Android 是一种以 Linux 内核为基础的自由且开放的源代码操作系统。Android 操作系统用于便携设备上,是由 Google(谷歌)与开放手机联盟(Open Handset Alliance)共同开发的软件平台,为全球移动设备、智能设备带来了革命性的变化。据市场研究机构 IDC 统计,2019 年,Android 操作系统的智能手机市场份额从 2018 年的 85.1% 上涨到 87%,市场占有率高居首位。

10.1　Android 简介

10.1.1　Android 发展历史

Android 一词来源于法国作家利尔·亚当在 1886 年发表的科幻小说《未来的夏娃》,本意是"机器人"。虽然 Android 平台是由 Google 公司推出的,但更准确地说,Android 是开放手机联盟的产品。开放手机联盟是由 30 多家高科技公司和手机公司组成的,包括 Google、HTC(宏达电子)、T-Mobile、高通、摩托罗拉、三星、LG 以及中国移动等。开放手机联盟表示,Android 是本着成为第一个开放、完全免费、专门针对移动设备开发平台这一目标,完全从零开始创建的,因此 Android 是第一个完整、开放、免费的手机平台。

Android 系统具有以下特点:

① 开放性。Google 通过与运营商、设备制造商、开发商等结成深层次的合作伙伴,通过建立标准化、开放式的移动电话软件平台,形成一个开放式的产业系统。

② 平等性。在 Android 平台上,系统提供的软件和个人开发的应用程序是平等的,例如可以使用第三方开发的拨打电话程序来替代系统提供的拨打电话程序。

③ 应用程序之间的沟通很方便。在 Android 平台下开发的应用程序,可以很方便地实现应用程序之间数据的共享,只需要进行简单的声明和操作,应用程序就可以访问或者调用其他应用程序的数据,或者将自己的数据提供给其他应用程序使用。例如,第三方的通讯录应用软件就可以访问手机自身的通讯录。

2005 年,Google 收购了 Android,2007 年正式向外界展示了 Android 操作系统,2008 年 9 月 23 日,Google 发布了 Android 1.0,从此就有了今天风靡全球的 Android 系统。

在发布 Android 1.5 的时候,Android 使用甜点名称作为系统版本代号。作为每个版本代号的甜点尺寸越变越大,然后按照 26 个字母数序:纸杯蛋糕(1.5),甜甜圈(1.6),松饼(2.1),冻酸奶(2.2),姜饼(2.3),蜂巢(3.0),冰激凌三明治(4.0),果冻豆(4.1),奇巧巧克力(4.4),棒棒糖(5.0),棉花糖(6.0),牛轧糖(7.0),奥利奥(8.0),派(9.0)。从 Android 10 开始,Google 宣布了 Android 系统的重大改变,不仅换了全新的 Logo,命名方式也变了,2019 年的 Android Q 的正式名称是 Android 10。在 2019 年 Android 开发峰会中,Google 官方首次提到了 Android 11。在 Android 开放源代码项目(AOSP)中,Google 已经启用了代号 Android R,按照 Android 命名规则,Android R 应该就是下一代 Android 11。2021 年 5 月 19 日,谷歌宣布 Android 12 正式发布,测试版同时提供下载。

10.1.2　Android 平台架构

10.1.1 小节介绍了 Android 平台的发展历史,本小节将对 Android 的内部系统框架进行介绍。Android 平台框架如图 1 – 10.1 所示,各组成部分介绍如下。

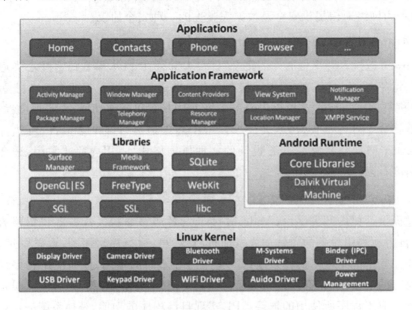

图 1 – 10.1　Android 系统架构图

1. Linux Kernel(Linux 内核)

Android 基于 Linux 提供核心系统服务,例如安全、内存管理、进程管理、网络堆栈、驱动模型。Linux Kernel 作为硬件和软件之间的抽象层,隐藏了具体的硬件细节而为上层提供统一的服务。如果只是进行应用程序开发,则不需要深入了解 Linux Kernel 层。

2. Libraries(库)

Android 包含一个 C/C++库的集合,供 Android 系统的各个组件使用。这些功能通过应用程序框架（Application Framework）展现给开发者。下面列出一些核心库。

libc：标准 C 系统库的 BSD 衍生，并为基于嵌入式 Linux 设备进行了优化。

Media Framework：基于 PacketVideo 的 OpenCORE，该库支持播放和录制许多流行的音频和视频格式，以及静态图像文件，包括 MPEG4、H.264、MP3、AAC、AMR、JPG、PNG 等。

Surface Manager：管理显示子系统、无缝组合多个应用程序的二维和三维图形层。

WebKit：嵌入式设备的 Web 浏览器引擎，驱动 Android 浏览器和内嵌的 Web 视图。

SGL：基本的 2D 图形引擎。

OpenGL ES：专门面向嵌入式系统的 OpenGL API 子集。

FreeType：位图和矢量字体渲染。

SQLite：所有应用程序都可以使用的轻量级关系数据库引擎。

SSL：为网络通信提供安全及数据完整性的一种安全协议。

3. Android Runtime（Android 运行时）

Android 是包含一个核心库的集合，提供大部分在 Java 编程语言核心类库中可用的功能。每一个 Android 应用程序都在它自己的进程中运行，都拥有一个独立的 Dalvik 虚拟机实例。Dalvik 虚拟机依赖于 Linux 内核提供基本功能，来实现进程、内存和文件系统管理等各种服务，可以在一个设备中高效地运行多个虚拟机，可执行文件格式是 .dex。.dex 格式是专为 Dalvik 设计的一种压缩格式，占用内存非常小，适合内存和处理器速度有限的系统。

4. Application Framework（应用程序框架）

通过提供开放的开发平台，Android 使开发者能够编制极其丰富和新颖的应用程序，可以自由地利用设备的硬件优势、访问位置信息、运行后台服务、设置闹钟、向状态栏添加通知等。应用程序的体系结构简化了组件之间的重用，任何应用程序都需要服从框架执行的安全限制，都能发布自己的功能。通过应用程序框架，开发人员可以自由地使用核心应用程序所使用的框架 API，实现自己程序的功能，替换系统应用程序。所有的应用程序其实是一组服务和系统，主要包括以下内容：

视图系统（View System）：丰富的、可扩展的视图集合，可用于构建一个应用程序，包括列表、网格、文本框、按钮，甚至是内嵌的网页浏览器。

内容提供者（Content Providers）：使应用程序能访问其他应用程序（如通讯录）的数据，或向其他程序共享自己的数据。

资源管理器（Resource Manager）：提供访问非代码资源，如本地化字符串、图形和布局文件。

通知管理器（Notification Manager）：使所有的应用程序能够在状态栏显示自定义信息。

活动管理器(Activity Manager):管理应用程序生命周期,提供通用的导航和回退等功能。

5. Application(应用程序)

Android 提供了一系列核心应用程序,包括电子邮件客户端、SMS 程序、拨打电话、日历、地图、浏览器、联系人和其他设置。这些应用程序都是用 Java 语言编写的,而开发人员可以开发出更有创意、功能更强大的应用程序。

10.2　Android 应用开发

Android 应用程序开发主要使用的语言是 Java。在进行 Android 应用程序开发时,除了 IDE 环境之外,还需要安装 Java 的 SDK。Android 开发常用的集成开发环境工具为 Android Studio,Android Studio 是 Google 官方推出的基于 IntelliJ IDEA 的 Android 应用程序集成开发环境,Android Studio 不仅是一个强大的代码编辑器和开发者工具,还具有更多可提高 Android 应用构建效率的功能,例如可针对所有 Android 设备进行开发的统一环境,对各个版本的 SDK 具有良好的支持。

10.2.1　开发环境搭建

本书以 Android Studio 为例,介绍 Android 应用程序开发环境的搭建,步骤如下:

(1) 安装 Android Studio

Android Studio 可以在官网(https://developer.android.google.cn/studio/)或者其他网站进行下载。Android Studio 的安装也很简单,基本上都是默认选择"下一步"即可完成安装。

(2) 下载 Android SDK

Android SDK 即开发 Android 软件所要使用的工具包。在进行 Android 应用程序开发时,需要选择相应版本的 SDK。下载 SDK 的方法是:选择 Tools/SDK Manager 菜单命令或单击工具栏中相应的 SDK Manager 按钮。打开 Android SDK 界面后,首先选择 Android SDK 的存储位置,然后在 SDK Platforms 选项卡中选择相应的 SDK 版本,单击 OK 按钮,如图 1-10.2 所示。

(3) 创建虚拟设备

在编写完代码后,需要在模拟器或者手机中运行调试。如果要在虚拟设备中调试程序,则需要创建虚拟设备。创建虚拟设备的方法如下:

① 选择 Tools/AVD Manager 菜单命令或者单击工具栏中的 AVD Manager 按钮。

② 在弹出的窗口中,可以查看到已经创建的虚拟设备,也可以创建新的虚拟设备,如图 1-10.3 所示。

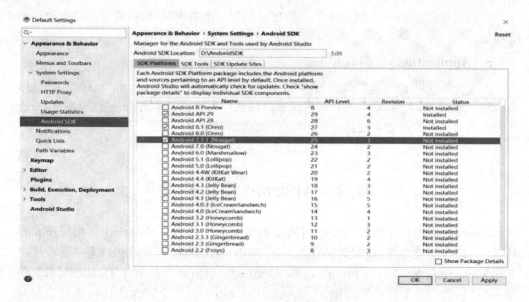

图 1-10.2　Android SDK 界面

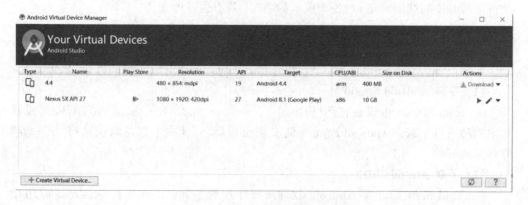

图 1-10.3　创建 Android 虚拟设备

③ 单击图 1-10.3 中的 Create Virtual Device 按钮，在 Virtual Device Configuration/Choose a device definition 中选择设备类型及模拟器的设备，然后单击 Next 按钮，如图 1-10.4 所示。

④ 在 Virtual Device Configuration/Select a system image 中选择相应的镜像文件，然后单击 Download 进行下载，下载完毕后，单击 Next 按钮，如图 1-10.5 所示。

⑤ 在 Verify Configuration 界面中输入虚拟设备的名字，单击 Show Advanced Settings 可以对虚拟设备进行高级设置，例如手机方向、摄像头、网络、运行内存、机身内存、SD 卡等，如图 1-10.6 所示。

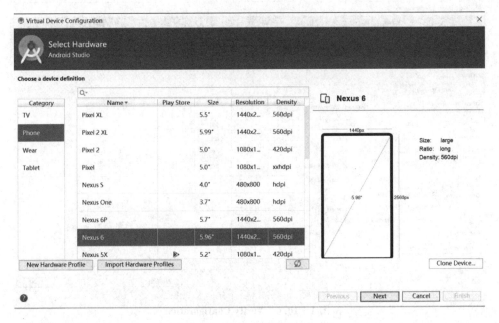

图 1-10.4 选择虚拟设备

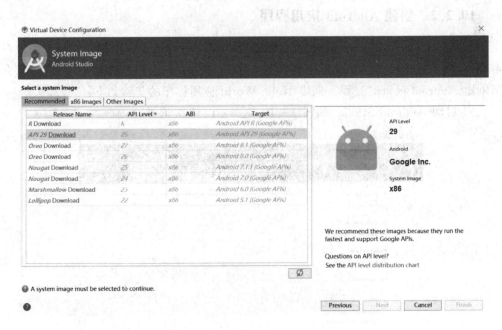

图 1-10.5 选择 System Image

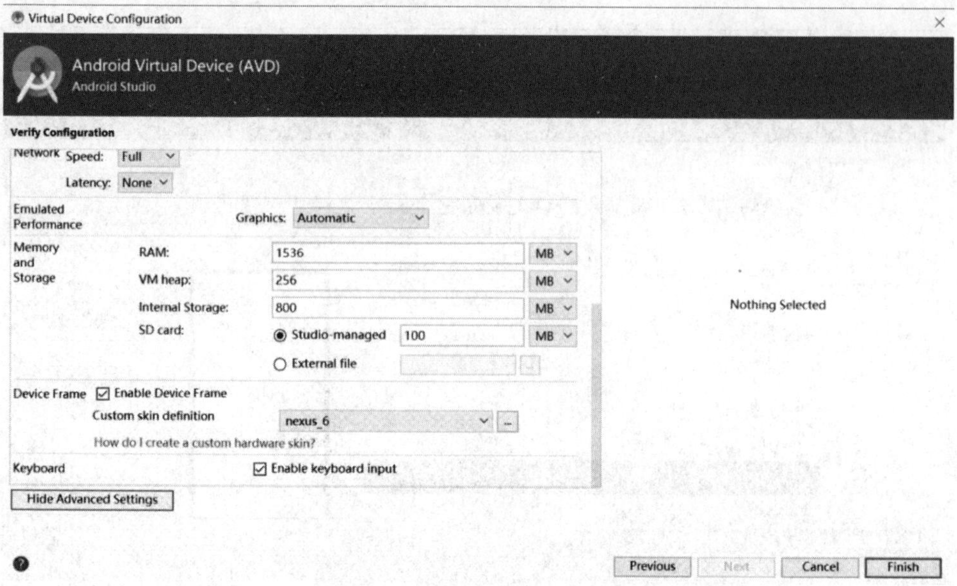

图 1-10.6　Verify Configuration

10.2.2　创建 Android 应用程序

完成 Android 开发环境的搭建之后，就可以开始 Android 应用程序的开发了。在本小节，将创建第一个 Android 工程项目：Hello World。通过创建这个项目，主要介绍创建 Android 项目的过程。创建 Hello World 应用程序的步骤如下：

① 启动 Android Studio，如图 1-10.7 所示。依次选择 File→New→New Pro-

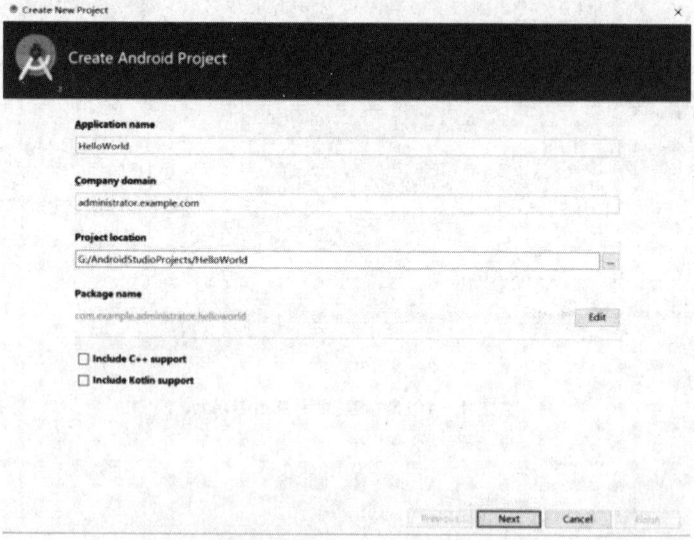

图 1-10.7　创建 Android 应用程序

ject,将弹出创建新项目界面,输入 Application name(应用程序的名字)、Project location(项目保存位置),也可以对程序的包名进行编辑(或者采用默认),选择是否包括 C++、Kotlin 支持之后,单击 Next 按钮。

② 选择目标设备及最低的 SDK 要求。设备类型包括手机与平板、穿戴设备、电视、Android 汽车设备、Android 物联网设备等,如图 1-10.8 所示。

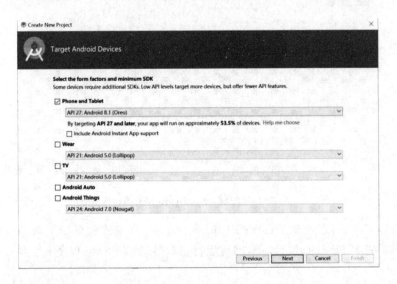

图 1-10.8　选择目标设备

③ 为应用程序选择 Activity 类型,默认的为 Empty Activity,如图 1-10.9 所示。

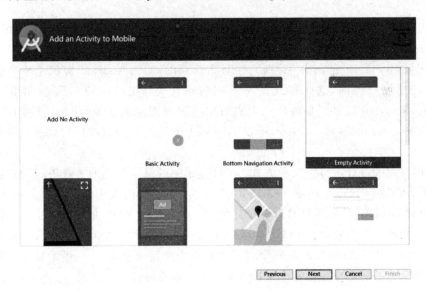

图 1-10.9　选择 Activity 类型

④ 输入默认启动 Activity 的类名及布局文件名,如图 1-10.10 所示。

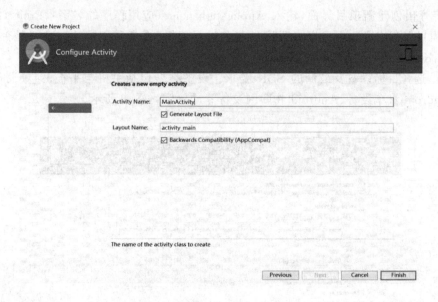

图 1-10.10 Configure Activity

⑤ 创建完成后,选择菜单栏中的 Run/Run App 命令或者单击工具栏中的运行图标按钮,然后选择相应的运行设备,即可运行创建好的 Android 程序。

10.3 Android 常见界面布局

对于一个应用程序来说,首先呈献给用户的肯定是用户界面(User Interface,UI),所以用户界面对一个应用程序来说是非常重要的。

程序的用户界面是指用户看到的并与之交互的一切,Android 提供了一个强大的模式来定义用户界面,这个模式基于基础的布局类:视图(View)和视图组(ViewGroup)。Android 提供了多种预先生成的视图和视图组的子类,用于构建用户界面。其实 ViewGroup 也继承了 View,所以 Android 预先生成的这些组件都是 View 类的子类。

用户界面的设计可分为两种方式:一种是单一的采用代码的方式进行用户界面的设计,例如编写一个 Java 的 Swing 应用,需要用 Java 代码去创建和操纵界面 JFrame 和 JButton 等对象;另一种是与网页设计相似,采用类似 XML 的 HTML 标记语言去描述你想看到的页面效果。对于 Android 界面设计这两种方法均可,但 Google 建议尽量使用 XML,因为相比 Java 代码而言,XML 语句更简短易懂,在以后的版本中不易被改变。本章的所有程序也都基本采用 XML 进行界面设计。

10.3.1 界面的常用属性

在界面设计时,我们需要对不同的组件设置不同的属性,但上面讲到,其实每个组件都是 View 的子类,那么它们肯定会有一些相同的基本属性。下面就列举一些常用的属性。

- android:layout_width 设置组件的宽度。
- android:layout_height 设置组件的高度。
- android:background 设置组件的背景。
- android:onClick 为组件添加单击事件响应函数。
- android:id 设置组件的 id。

界面的基本属性不只这些,而且不同组件拥有自己的特殊属性,比如 LinearLayout 的 android:orientation 属性设置布局的方位是水平还是垂直,接下来会讲解。

10.3.2 Android 常见界面控件

1. TextView 控件

TextView 用于显示文本,它支持多行显示、字符串格式化和自动换行。对 TextView,我们最关心的就是怎样设置显示的文本,怎样设置字体的大小、颜色和样式,TextView 提供的大量属性可帮我们轻松地完成这些,如表 1-10.1 所列。

表 1-10.1 TextView 常用属性

控件属性	功能描述
android:text	设置显示文本
android:textColor	设置显示文本的颜色
android:textSize	设置字体大小,单位建议为 sp,例如,android:textSize="15sp"
android:textStyle	设置字体样式,例如,bold(粗体)、italic(斜体)、bolditalic(粗斜体)
android:layout_width	设置控件的宽度
android:layout_height	设置控件的高度
android:gravity	设置文本位置,例如,android:gravity="center",文本居中显示
android:width	设置文本区域的宽度
android:height	设置文本区域的高度
…	…

接下来为 TextView 设置上述属性,代码如例 10.1 所示。

【例 10.1】TextView 控件属性。

```
<?xml version="1.0" encoding="utf-8"?>
<LinearLayout xmlns:android="http://schemas.android.com/apk/res/android"
    android:orientation="vertical"
    android:layout_width="fill_parent"
    android:layout_height="fill_parent">
    <TextView android:layout_width="fill_parent"
        android:layout_height="wrap_content"
```

```
            android:textColor = "#fff000"
            android:textSize = "20dp"
            android:textStyle = "bold"
            android:text = "我是文本框"/>
</LinearLayout>
```

利用这些属性完成的 TextView 如图 1-10.11 所示。

图 1-10.11　TextView 属性

2. EditText 控件

EditText 是 TextView 的子类,它与 TextView 一样具有支持多行显示、字符串格式化和自动换行的功能,它的使用和 TextView 并无太大区别,代码如例 10.2 所示。

【例 10.2】EditTex 控件。

```
<?xml version = "1.0" encoding = "utf-8"?>
<LinearLayout xmlns:android = "http://schemas.android.com/apk/res/android"
    android:layout_width = "fill_parent"
    android:layout_height = "fill_parent"
    android:orientation = "vertical" />
    <TextView
        android:layout_width = "fill_parent"
        android:layout_height = "wrap_content"
        android:text = "姓名" />
    <EditText
        android:layout_width = "fill_parent"
        android:layout_height = "wrap_content"
        android:hint = "请输入姓名" />
</LinearLayout>
```

实例实现的效果如图 1-10.12 所示。

图 1-10.12　EditText 控件

3. Button 控件

Button 是最常见的界面组件，常用于界面交互和事件处理，也是应用程序开发必不可少的一个组件。代码如例 10.3 所示。

【例 10.3】Button 控件。

```
<?xml version="1.0" encoding="utf-8"?>
<LinearLayout xmlns:android="http://schemas.android.com/apk/res/android"
    android:layout_width="fill_parent"
    android:layout_height="fill_parent"
    android:orientation="vertical" />
    <Button
        android:layout_width="fill_parent"
        android:layout_height="wrap_content"
        android:text="按钮 1"/>
    <Button
        android:layout_width="fill_parent"
        android:layout_height="wrap_content"
        android:text="按钮 2"/>
</LinearLayout>
```

实例实现的效果如图 1-10.13 所示。

4. ImageView 控件

ImageView 控件是视图控件，它继承自 View，在屏幕中显示图像。接下来创建一个 ImageView 控件并在界面中显示图像，代码如例 10.4 所示。

【例 10.4】使用 ImageView 控件显示图像。

```
<?xml version="1.0" encoding="utf-8"?>
```

图 1-10.13 Button 控件

```
<RelativeLayout
xmlns:android = "http://schemas.android.com/apk/res/android"
    android:layout_width = "fill_parent"
    android:layout_height = "fill_parent"
    android:orientation = "vertical" />
    <ImageView
        android:layout_width = "fill_parent"
        android:layout_height = "fill_content"
        android:background = "@drawable/bg"/>
    <ImageView
        android:layout_width = "108dp"
        android:layout_height = "101dp"
        android:src = "@android:drawable/sym_def_app_icon" />
</RelativeLayout>
```

在上述代码中,声明两个＜ImageView＞标签,在第一个 ImageView 标签中利用 background 属性为 ImageView 指定一张背景图片,该图片资源存放在 res/drawable 文件夹中,通过@drawable 来找到此文件夹,再以"@android:drawable/图片名称"形式引用图片。与程序相关的图片资料存放在 drawable 文件夹即可,在向此文件夹保存图片时,图片名称最好用小写字母并且是唯一的。

第二个 ImageView 标签中所用的是另一种引用图片的属性 src,案例中引用的是 Android 自带的图片,所以属性值是"@android:drawable/图片名称"。若引用 drawable 文件夹中的图片,则它的用法和 background 是一样的,区别在于 background 是背景,会根据 ImageView 控件大小进行伸缩,而 src 是前景,以原图大小显示。可根据具体需求使用这两个属性,预览效果如图 1-10.14 所示。

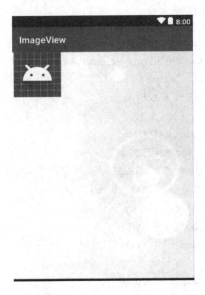

图 1 - 10.14 ImageView 控件

10.3.3 Android 界面布局

通过上一小节的学习,我们知道,Android 拥有许多组件,而 TextView、EditText 和 Button 就是其中比较常用的几个组件。那么,Android 又是怎样将这些组件简洁而又美观地分布在界面上的呢？这里就用到了 Android 的布局管理器。这些独立的组件通过 Android 布局组合到一起,就可以给用户提供复杂而有序的界面。

1. FrameLayout(帧布局)

FrameLayout 是从屏幕的左上角的(0,0)坐标开始布局,多个组件层叠排列,第一个添加的组件放到最底层,最后添加到框架中的视图显示在最上面。上一层的会覆盖下一层的控件。

FrameLayout 是最简单的一个布局对象。它被定制为屏幕上的一个空白备用区域,之后你可以在其中填充一个单一对象。例如,一张要发布的图片。所有的子元素将会固定在屏幕的左上角；你不能为 FrameLayout 中的一个子元素指定一个位置。后一个子元素将会直接在前一个子元素之上进行覆盖填充,把它们部分或全部挡住(除非后一个子元素是透明的)。图 1 - 10.15 就是一个 FrameLayout 的布局效果。

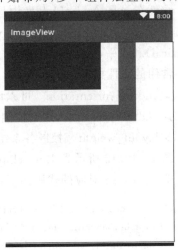

图 1 - 10.15 FrameLayout 布局

图 1-10.15 对应的代码如下：

```xml
<?xml version="1.0" encoding="utf-8"?>
<FrameLayout xmlns:android="http://schemas.android.com/apk/res/android"
    android:layout_width="match_parent"
    android:layout_height="match_parent">
    <TextView
        android:layout_width="300dp"
        android:layout_height="200dp"
        android:background="#F11EEE" />
    <TextView
        android:layout_width="260dp"
        android:layout_height="160dp"
        android:background="#FFFFFF" />
    <TextView
        android:layout_width="220dp"
        android:layout_height="120dp"
        android:background="#000FFF" />
</FrameLayout>
```

2. LinearLayout（线性布局）

LinearLayout 以为它设置的垂直或水平的属性值来排列所有的子元素。所有的子元素都被堆放在其他元素之后，因此一个垂直列表的每一行只会有一个元素，而不管它们有多宽，一个水平列表将会只有一个行高（高度为最高子元素的高度加上边框高度）。LinearLayout 保持子元素之间的间隔并互相对齐（相对一个元素的右对齐、中间对齐或者左对齐）。

线性布局是 Android 开发中最常见的一种布局方式，它是按照垂直或者水平方向来布局的，通过 android:orientation 属性可以设置线性布局的方向。属性值有垂直（vertical）和水平（horizontal）两种。

常用的属性如下：

- android:orientation　可以设置布局的方向。
- android:gravity　用来控制组件的对齐方式。
- layout_weight　控制各个组件在布局中的相对大小。

图 1-10.16 所示为 LinearLayout 分别设置为垂直和水平排列的布局效果。

图 1-10.16 对应的代码如下：

```xml
<?xml version="1.0" encoding="utf-8"?>
<LinearLayout xmlns:android="http://schemas.android.com/apk/res/android"
    android:layout_width="match_parent"
    android:layout_height="match_parent"
    android:orientation="vertical"
```

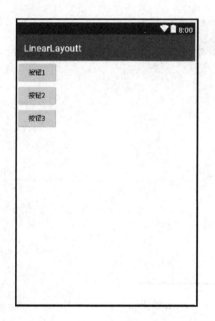 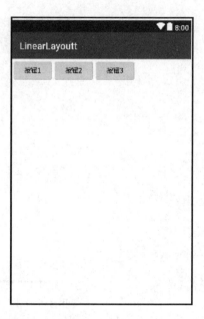

图 1-10.16　控件垂直排列和水平排列

```
>
<Button
    android:layout_width = "wrap_content"
    android:layout_height = "wrap_content"
    android:text = "按钮 1" />
<Button
    android:layout_width = "wrap_content"
    android:layout_height = "wrap_content"
    android:text = "按钮 2" />
<Button
    android:layout_width = "wrap_content"
    android:layout_height = "wrap_content"
    android:text = "按钮 3" />
</LinearLayout>
```

上述代码为垂直排列,将 orientation 的属性值改为 horizontal,则会变为水平排列。

线性布局还支持为单独的子元素指定 weight。优点是允许子元素可以填充屏幕上的剩余空间。这也避免了在一个大屏幕中,一串小对象挤成一堆的情况,而是允许它们放大填充空白。子元素指定一个 weight 值,剩余的空间就会按这些子元素指定的 weight 比例分配。默认的 weight 值为 0。例如,有 3 个 Button 按钮,其中两个指定 weight 值为 1,这两个按钮将等比例地放大,并填满剩余的空间,而第三个按钮不会放大,如图 1-10.17 所示。

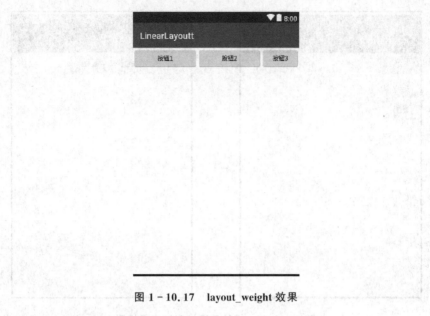

图 1-10.17　layout_weight 效果

图 1-10.17 对应的代码如下：

```xml
<?xml version = "1.0" encoding = "utf-8"?>
<LinearLayout xmlns:android = "http://schemas.android.com/apk/res/android"
    android:layout_width = "match_parent"
    android:layout_height = "match_parent"
    android:orientation = "vertical"
    >
    <Button
        android:layout_width = "wrap_content"
        android:layout_height = "wrap_content"
        android:layout_weight = "1"
        android:text = "按钮1" />
    <Button
        android:layout_width = "wrap_content"
        android:layout_height = "wrap_content"
        android:layout_weight = "1"
        android:text = "按钮2" />
    <Button
        android:layout_width = "wrap_content"
        android:layout_height = "wrap_content"
        android:text = "按钮3" />
</LinearLayout>
```

3. RelativeLayout(相对布局)

RelativeLayout 允许子元素指定它们相对于其他元素或父元素的位置(通过 ID 指

定)。因此,可以以右对齐、上下、置于屏幕中央的形式来排列两个元素。元素按顺序排列,因此如果第一个元素在屏幕的中央,那么相对于这个元素的其他元素将以屏幕中央的相对位置来排列。如果使用 XML 来指定这个 layout,那么在定义它之前,必须先定义被关联的元素。图 1-10.18 所示为 RelativeLayout 布局效果。

图 1-10.18　相对布局效果

图 1-10.18 对应的代码如下:

```
<? xml version = "1.0" encoding = "utf-8"? >
<RelativeLayout xmlns:android = "http://schemas.android.com/apk/res/android"
    android:layout_width = "match_parent"
    android:layout_height = "match_parent"
    android:orientation = "vertical">
    <EditText
        android:id = "@ + id/user"
        android:layout_width = "220dip"
        android:layout_height = "40dip"
        android:layout_centerHorizontal = "true"
        android:layout_centerVertical = "true"
        android:inputType = "text"
        android:textColor = "#000000" />
    <EditText
        android:id = "@ + id/password"
        android:layout_width = "220dip"
        android:layout_height = "40dip"
        android:layout_below = "@ + id/user"
        android:layout_alignLeft = "@ + id/user"
        android:layout_marginTop = "16dp"
```

```
        android:inputType = "textPassword"
        android:textColor = "#000000" />
    <Button
        android:id = "@+id/button_login"
        android:layout_width = "220dip"
        android:layout_height = "40dip"
        android:layout_below = "@+id/password"
        android:layout_alignLeft = "@+id/password"
        android:layout_marginTop = "14dp"
        android:text = "登录"
        android:textColor = "#000000" />
    <TextView
        android:id = "@+id/textView_user"
        android:layout_width = "fill_parent"
        android:layout_height = "wrap_content"
        android:layout_alignBaseline = "@+id/password"
        android:layout_alignBottom = "@+id/password"
        android:layout_alignParentLeft = "true"
        android:text = "账号"
        android:textColor = "#000000"
        android:textSize = "20dp" />
    <TextView
        android:id = "@+id/textView_password"
        android:layout_width = "fill_parent"
        android:layout_height = "wrap_content"
        android:layout_alignBaseline = "@+id/user"
        android:layout_alignBottom = "@+id/user"
        android:layout_alignParentLeft = "true"
        android:text = "密码"
        android:textColor = "#000000"
        android:textSize = "20dp" />
    <ImageView
        android:id = "@+id/imageView_login"
        android:layout_width = "wrap_content"
        android:layout_height = "wrap_content"
        android:layout_above = "@+id/user"
        android:layout_centerHorizontal = "true"
        android:layout_marginBottom = "22dp"
        android:src = "@drawable/QQ" />
</RelativeLayout>
```

4. TableLayout(表格布局)

TableLayout 将子元素的位置分配到行或列中。一个 TableLayout 由许多的

TableRow组成,每个TableRow都会定义一个row(事实上,你可以定义其他的子对象)。TableLayout容器不会显示rowcloumns或cell的边框线。每个row拥有0个或多个的cell;每个cell拥有一个View对象。表格由列和行组成许多单元格。表格允许单元格为空。单元格不能跨列,这与HTML中的不一样。如图1-10.19所示为TableLayout布局效果。

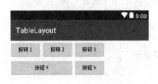

图1-10.19　表格布局效果

图1-10.19对应的代码如下:

```xml
<?xml version="1.0" encoding="utf-8"?>
<TableLayout xmlns:android="http://schemas.android.com/apk/res/android"
    android:layout_width="match_parent"
    android:layout_height="match_parent">
    <TableRow>
        <Button android:text="按钮 1" />
        <Button android:text="按钮 2" />
        <Button android:text="按钮 3" />
    </TableRow>
    <TableRow>
        <Button
            android:layout_span="2"
            android:text="按钮 4" />
        <Button android:text="按钮 5" />
    </TableRow>
</TableLayout>
```

10.3.4　简单登录框的设计

结合本章所学知识,请设计一个简单的登录框。设计参考效果如图1-10.20所示。

图 1 – 10.20　登录框的设计

参考代码如下：

```
<? xml version = "1.0" encoding = "utf – 8"? >
<RelativeLayout xmlns:android = "http://schemas.android.com/apk/res/android"
    android:layout_width = "match_parent"
    android:layout_height = "match_parent"
    android:orientation = "vertical">
    <EditText
        android:id = "@ + id/user"
        android:layout_width = "220dip"
        android:layout_height = "40dip"
        android:layout_centerHorizontal = "true"
        android:layout_centerVertical = "true"
        android:inputType = "text"
        android:textColor = "#000000" />
    <EditText
        android:id = "@ + id/password"
        android:layout_width = "220dip"
        android:layout_height = "40dip"
        android:layout_below = "@ + id/user"
        android:layout_alignLeft = "@ + id/user"
        android:layout_marginTop = "16dp"
        android:inputType = "textPassword"
        android:textColor = "#000000" />
    <Button
        android:id = "@ + id/button_login"
        android:layout_width = "wrap_content"
        android:layout_height = "40dip"
```

```xml
        android:layout_below = "@+id/password"
        android:layout_alignLeft = "@+id/password"
        android:layout_marginTop = "14dp"
        android:text = "登录"
        android:textColor = "#000000" />
    <Button
        android:id = "@+id/button_login1"
        android:layout_width = "wrap_content"
        android:layout_height = "40dip"
        android:layout_below = "@+id/password"
        android:layout_alignRight = "@+id/password"
        android:layout_marginTop = "14dp"
        android:text = "退出"
        android:textColor = "#000000" />
    <TextView
        android:id = "@+id/textView_user"
        android:layout_width = "fill_parent"
        android:layout_height = "wrap_content"
        android:layout_alignBaseline = "@+id/password"
        android:layout_alignBottom = "@+id/password"
        android:layout_alignParentLeft = "true"
        android:text = "账号"
        android:textColor = "#000000"
        android:textSize = "20dp" />
    <TextView
        android:id = "@+id/textView_password"
        android:layout_width = "fill_parent"
        android:layout_height = "wrap_content"
        android:layout_alignBaseline = "@+id/user"
        android:layout_alignBottom = "@+id/user"
        android:layout_alignParentLeft = "true"
        android:text = "密码"
        android:textColor = "#000000"
        android:textSize = "20dp" />
    <ImageView
        android:id = "@+id/imageView_login"
        android:layout_width = "wrap_content"
        android:layout_height = "wrap_content"
        android:layout_above = "@+id/user"
        android:layout_centerHorizontal = "true"
        android:layout_marginBottom = "22dp"
        android:src = "@drawable/QQ" />
</RelativeLayout>
```

第 2 篇

艺术设计创新

第2編
古木殘七句解

第1章 抠图技巧

Adobe Photoshop,简称 PS,是图片制作的软件之一。常用的修图软件有：美图秀秀、PS、CorelDRAW,主要应用在视觉传达/平面设计、摄影后期处理、插画设计、包装设计、室内效果图后期等领域。抠图工具是 Photoshop 中最实用的工具之一,抠图工具不仅仅局限于大家熟悉的快速选择与套索工具,其他的工具同样可以为抠图所用。

1.1 软件操作界面

软件操作界面如图 2-1.1 所示。

图 2-1.1 软件操作界面

1.1.1 像素与分辨率的关系

1. 像 素

像素是分辨率的尺寸单位,并非人们通常所说的画质,像素越大,支持图片可放大的尺寸越大。

2. 分辨率

分辨率又叫 DPI,分辨率的大小代表着位图图像精细程度。因此,分辨率越高,图像越清晰,打印或印刷出的图片质量也就越高。

创建新的图像时,将分辨率设置得过低,即使后期处理中提高分辨率,也都仅仅是将原始像素的信息扩展为更大数量的像素,而图像的品质与清晰度不会有所提升。

但是如果将图片的分辨率设定得很高,则会占用计算机较多的内存,制作图片或图像时,会影响运行速度。因此,为了保证图片的清晰度,以及不影响计算机运行速度,图片的分辨率一般设置为 300 像素/英寸(见图 2-1.2)。

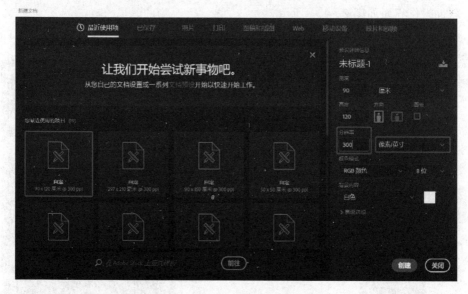

图 2-1.2　像素与分辨率的关系

1.1.2 位图与矢量图

1. 位 图

位图又被称为点阵图像、光栅图、栅格图像或像素图,位图的组成是由若干个像素所组成的。当放大位图的时候,超出一定尺寸后,图片会出现无数个小方块(不同颜色的彩色方块),图片在打印时清晰度会降低。因此,位图不能无限放大,超出像素范围,会出现模糊。

2. 矢量图

矢量图是以数学向量方式记录图像的,矢量图在绘制过程中与分辨率无关,用矢量图制作的图形可以无限放大,图像分辨率不会因为放大而变得模糊。矢量图的文件占用内存较小,主要应用于图形设计、标志设计以及版式设计等方向。

3. 文件格式及储存

设计师可以根据工作实际需求选择存储的格式,常用的格式有:JPEG、PNG、TIFF(3D 保存)、PSD、BMP、PDF、GIF、TGA、PSB 等(见图 2-1.3)。

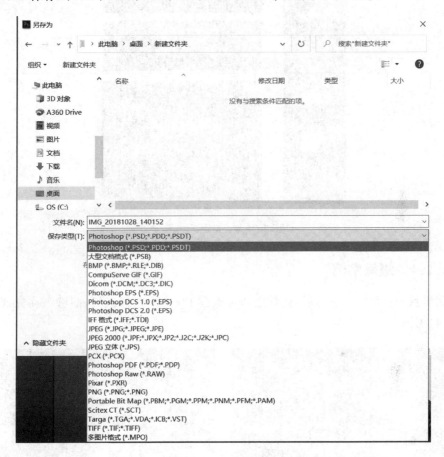

图 2-1.3　文件格式

1.2　抠图工具

Photoshop 软件中有许多工具可以实现抠图(见图 2-1.4),下面我们将通过案例一一进行讲解。

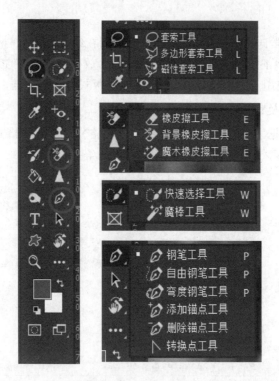

图 2-1.4 抠图工具集

1.2.1 蝴蝶案例

教学目的：在实习演练后，让学生初步掌握 PS 快速选择工具，能够独立完成简单的抠图（见图 2-1.5）。

样　图

素　材

图 2-1.5 蝴蝶案例

运用工具：选择"快速选择工具"（见图 2-1.6）。

图 2-1.6 快速选择工具

1.2.2 制作过程

① 插入图片,并解锁(见图 2-1.7)。

图 2-1.7 制作过程 1——蝴蝶案例

② 使用"快速选择工具",对图片进行选取,抠出需要的图片素材(见图 2-1.8)。
③ 使用"快速选择工具"中"从选取减去"调整选取素材边缘(见图 2-1.9)。

211

图 2-1.8 制作过程 2——蝴蝶案例

图 2-1.9 制作过程 3——蝴蝶案例

④ 对选取的素材复制单独图层,保证素材可以单独移动(见图 2-1.10～图 2-1.12)。

图 2-1.10　制作过程 4——蝴蝶案例

图 2-1.11　制作过程 5——蝴蝶案例

图 2-1.12 制作过程 6——蝴蝶案例

⑤ 使用变换命令 Ctrl+T(快捷键),选择"水平翻转"(见图 2-1.13)。

图 2-1.13 制作过程 7——蝴蝶案例

⑥ 调整素材至合适位置(见图 2-1.14)。

图 2-1.14 制作过程 8——蝴蝶案例

1.2.3 照片更换背景

教学目的:在学生掌握了初步的抠图技巧之后,进一步提升技能,并运用于实际生活中,以摄影照片为例,能够在今后学习工作以及生活中实际运用,力求达到学以致用的目的,提升学生的学习兴趣。照片更换背景如图 2-1.15 所示。

样　图

效　果

图 2-1.15 照片更换背景

运用工具:魔术橡皮、背景橡皮擦。
制作过程:
① 导入图片,解锁。

② 使用"魔术橡皮",一键去除原有背景,注意"容差值"的设置(见图2-1.16)。

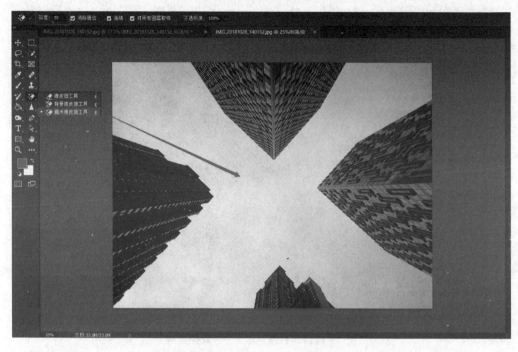

图 2-1.16　制作过程 1——照片更换背景

③ 新建图层(见图 2-1.17)。

图 2-1.17　制作过程 2——照片更换背景

④ 更换背景,按住 Alt+Delete 键更换背景色(见图 2-1.18)。

图 2-1.18　制作过程 3——照片更换背景

⑤ 使用"背景橡皮"对素材边缘处进行调整（见图 2-1.19）。

图 2-1.19　制作过程 4——照片更换背景

1.2.4　室内软装搭配

① 新建文档，选择自己图片的尺寸大小（见图 2-1.20）。

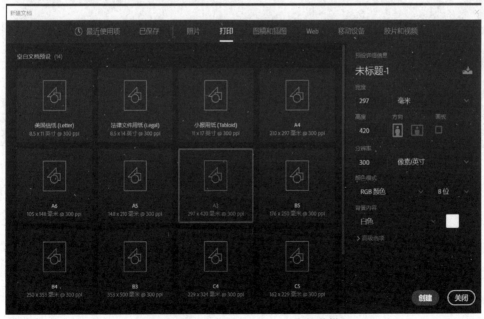

图 2-1.20　制作过程 1——室内软装搭配

② 导入所需要的室内效果图片(见图2-1.21)。

图2-1.21 制作过程2——室内软装搭配

③ 运用"钢笔路径"工具,选取所需家具素材并进行抠选(见图2-1.22和图2-1.23)。

图2-1.22 制作过程3——室内软装搭配

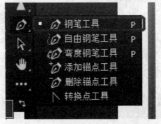

图2-1.23 制作过程4——室内软装搭配

④ 通过"钢笔路径"添加锚点以及调整，能够更加细致地选取所需要的素材（见图 2-1.24）。

图 2-1.24　制作过程 5——室内软装搭配

提示："钢笔路径"中的锚点，可以通过鼠标单击进行增加，在选取"钢笔路径"工具后：
➤ 按住 Alt 键，可调整钢笔角度以及锚点间距离的长短；
➤ 按住 Ctrl 键，可以调整锚点间的线段圆滑程度，从而实现对边缘更精准的选取。
⑤ 使用"钢笔路径"描边结束后，右击建立选区（见图 2-1.25）。

图 2-1.25　制作过程 6——室内软装搭配

⑥ 拷贝选取"图层",使图层能够单独移动(见图2-1.26和图2-1.27)。

图2-1.26 制作过程7——室内软装搭配

图2-1.27 制作过程8——室内软装搭配

⑦ 导入材质贴图,"栅格化图层",并放置在沙发图层后(见图 2-1.28)。

图 2-1.28 制作过程 9——室内软装搭配

⑧ 选择合适的底面,添加素材,"栅格化图层",按住 Ctrl+T 键对木地板进行透视调整(见图 2-1.29)。

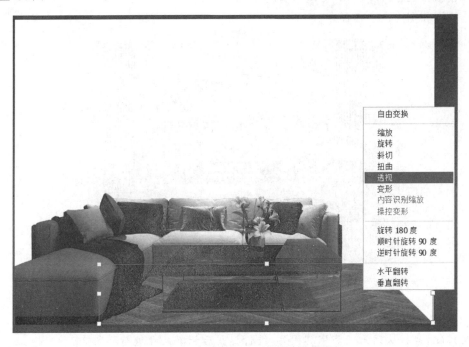

图 2-1.29 制作过程 10——室内软装搭配

⑨ 依次对墙面进行贴图,完成简单的室内软装拼搭(见图2-1.30)。

图2-1.30 制作过程11——室内软装搭配

注意:抠图有很多种技巧,不局限于某一种工具和技巧,在熟练掌握抠图工具后,可进行搭配使用。

创新作业:软装搭配(重点练习)。

样图如图2-1.31所示。

图2-1.31 作业素材

要求:通过前两个案例的学习,将所学内容在习题中综合运用,结合自身专业练习软装搭配,素材从网上下载家具图片,进行抠图后调整尺寸进行搭配。

提示:尺寸调整Ctrl+T键选择透视。

第 2 章　字体海报设计

在 Photoshop 中,合理运用字体工具,配合前面章节所学的内容,能够轻松制作出时尚富有创意的海报样式。对于一些富有创意的 POP,可通过 Photoshop 的字体设计轻松实现。如果想拥有一张新颖、创新的海报,那么不妨试试 Photoshop 吧!运用软件中的字体设计,能够制作出一张称心如意而又与众不同的字体海报。在 Photoshop 中,字体样式可以通过安装字体包对字库进行补充更新。

2.1　参考素材

参考图片素材集如图 2-2.1 所示。

图 2-2.1　参考图片素材集

2.2　制作过程

2.2.1　底层制作(海报底色)

① 新建海报尺寸,选择自己需要制作的海报尺寸的大小(见图 2-2.2)。

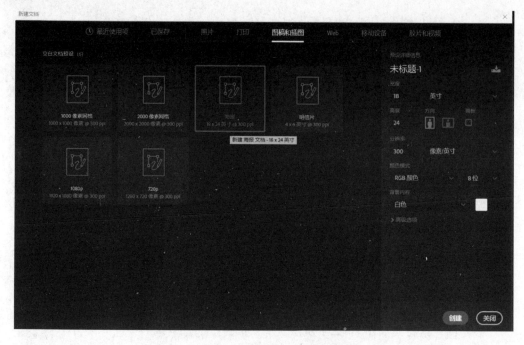

图 2-2.2 制作过程 1——底层制作

②"新建图层",命名为底色(见图 2-2.3)。

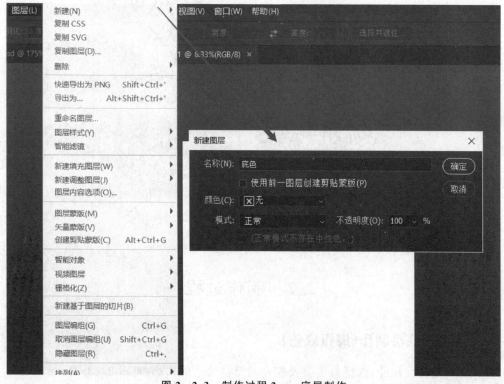

图 2-2.3 制作过程 2——底层制作

③ 选择"渐变工具",制作渐变底色(见图2-2.4)。

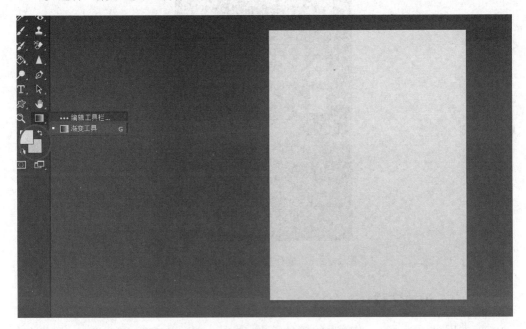

图2-2.4 制作过程3——底层制作

④ "新建渐变",调整前景色与背景色(见图2-2.5)。

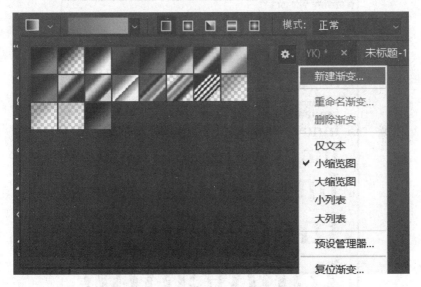

图2-2.5 制作过程4——底层制作

⑤ 为了方便后续作图,锁定底色图层(见图2-2.6)。

图 2-2.6 制作过程 5——底层制作

2.2.2 添加字体

① 在网站上选择自己喜欢的字体下载,并且安装,以丰富 Photoshop 字库(见图 2-2.7 和图 2-2.8)。

图 2-2.7 制作过程 1——添加字体

② 安装字体的第二种方法是直接将字体移动至 c:\Windows\fonts\ 文件夹内,完成字体安装(见图 2-2.9)。

图 2-2.8 制作过程 2——添加字体

图 2-2.9 制作过程 3——添加字体

2.2.3 文字工具

选择"文字工具",根据自己的版面设计,选择横排文字或直排文字(见图2-2.10)。

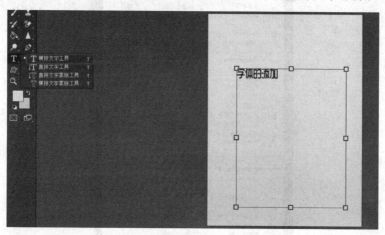

图2-2.10 制作过程——文字工具

2.2.4 制作简单字

① 选择字体并输入文本(见图2-2.11)。

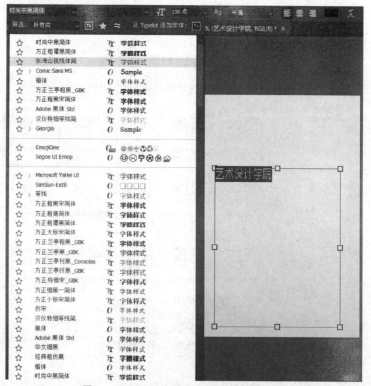

图2-2.11 制作过程1——制作简单字

② 字体输入后可以选择更换文本大小以及颜色(见图 2-2.12)。

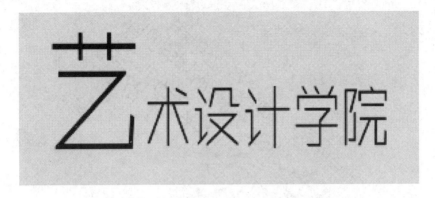

图 2-2.12　制作过程 2——制作简单字

③ 字体设计好以后,按住 Ctrl+T 键调整角度(见图 2-2.13)。

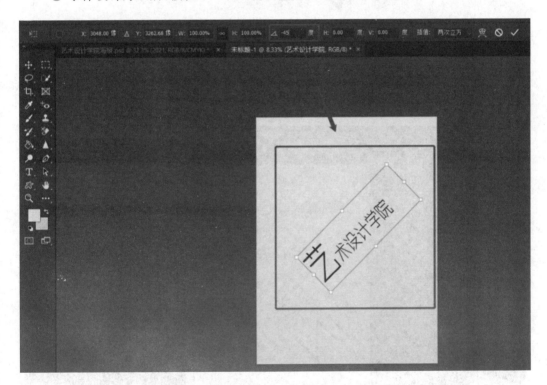

图 2-2.13　制作过程 3——制作简单字

④ 依次输入简单字体,并调整至合适位置(见图 2-2.14)。

图 2-2.14 制作过程 4——制作简单字

2.2.5 制作艺术字

① 输入文字,选择"切换字符"和"段落面板",调整字体间距(见图 2-2.15)。

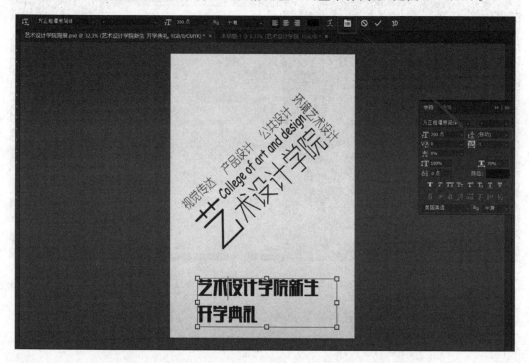

图 2-2.15 制作过程 1——制作艺术字

② 选择创建"变形文字"(见图 2-2.16)。

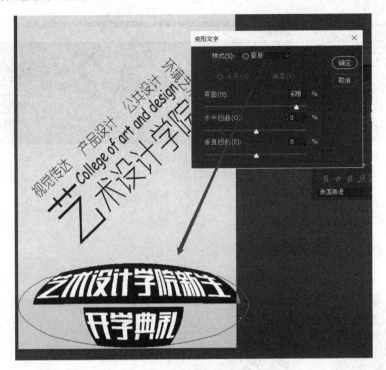

图 2-2.16　制作过程 2——制作艺术字

③ 字体的"图层样式"更改(见图 2-2.17)。

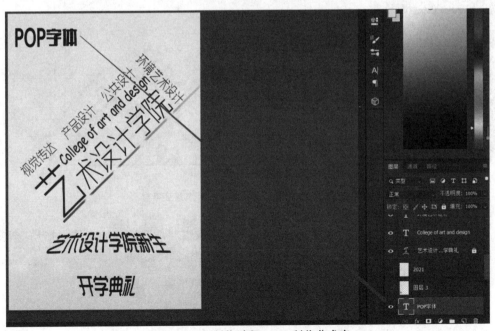

图 2-2.17　制作过程 3——制作艺术字

④ 双击"图层样式",选择样式,赋予字体样式(见图2-2.18)。

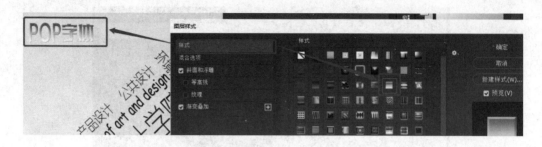

图2-2.18 制作过程4——制作艺术字

2.2.6 制作渐变字体

① 输入字体后,"栅格化文字"(见图2-2.19)。

图2-2.19 制作过程1——制作渐变字体

② "栅格化文字"后,使用"快速选择工具",选取需要渐变处理的字体。拖动"渐变工具"从左至右制作渐变颜色字体(见图2-2.20和图2-2.21)。

图 2-2.20 制作过程 2——制作渐变字体

图 2-2.21 制作过程 3——制作渐变字体

2.3 完成效果

所有文字制作好以后,选择字体并按住 Ctrl+T 键调整字体至合适位置(见图 2-2.22)。

注意:

① 海报的构图要符合形式美法则。

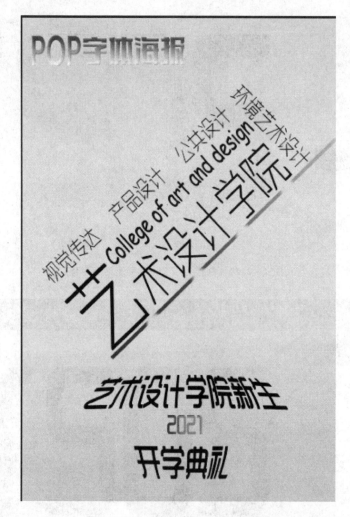

图 2-2.22 制作过程——完成效果

② 海报的字体不宜过于变形,否则容易凌乱。
③ 海报的配色要符合主题,用色彩传递情感。

创新作业: 海报《吉他社招新海报》。

要求:
① 找若干张图片作为元素。
② 整体感觉要符合校园文化。
③ 文字内容自行添加。

第 3 章　跑步运动海报设计

本案例将使用 Photoshop 软件制作一张海报,通过多种工具的综合使用,根据素材学习主题字效、文字排版、纸边效果等,展现出无限的创新创意,使大家进一步了解创意字海报的制作方式。

3.1　参考素材

参考图片素材集如图 2-3.1 所示。

背景素材

图案素材

人物素材

图 2-3.1　参考图片素材集

肌理素材　　　　　　　　　　　文字排版跑酷素材

图 2-3.1　参考图片素材集(续)

3.2　制作过程

3.2.1　制作背景

① 打开 PS，用 Ctrl+N 快捷键新建"790×1185 像素"的画布(见图 2-3.2)。

图 2-3.2　制作过程 1——制作背景

② 新建"图层"，使用"套索工具"绘制纸边的不规则形状(见图 2-3.3)。

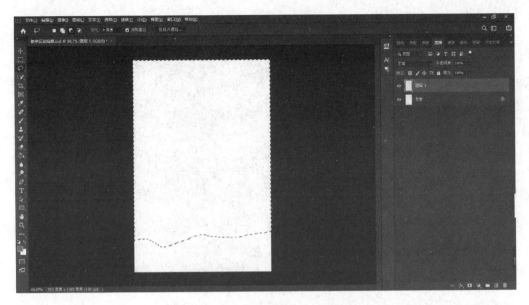

图 2-3.3 制作过程 2——制作背景

③ 用 Alt+Delete 快捷键填充棕色(♯d6d23),调整"色相/饱和度"校正颜色"饱和度"调整至-26(见图 2-3.4 和图 2-3.5)。

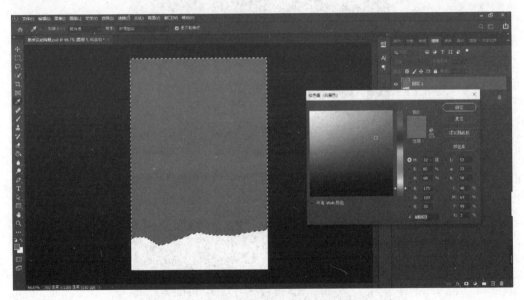

图 2-3.4 制作过程 3——制作背景

④ 按住 Ctrl 键,同时左击选择"图层 1"和调整层(色相/饱和度),选择以上两个图层,用快捷键 Ctrl+E 合并两个图层(见图 2-3.6)。

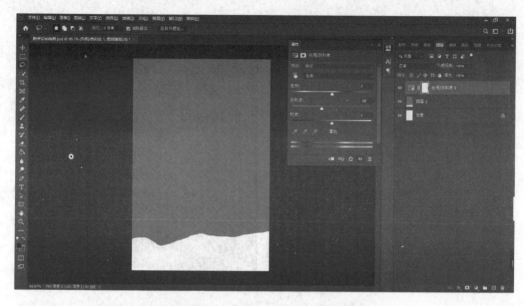

图2-3.5 制作过程4——制作背景

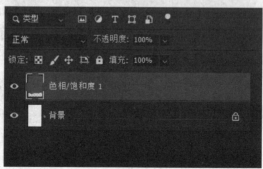

图2-3.6 制作过程5——制作背景

3.2.2 纸边效果

① 新建图层,使用"套索工具"绘制选区(见图2-3.7)。

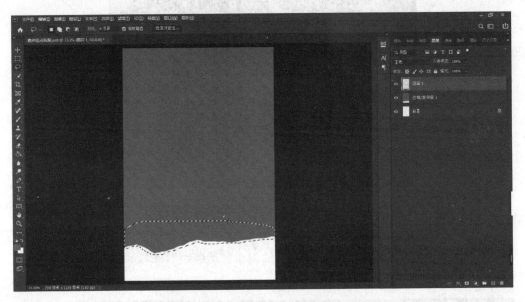

图2-3.7 制作过程1——纸边效果

② 填充白色,并将图层拉到"色相/饱和度"图层下方(见图2-3.8和图2-3.9)。

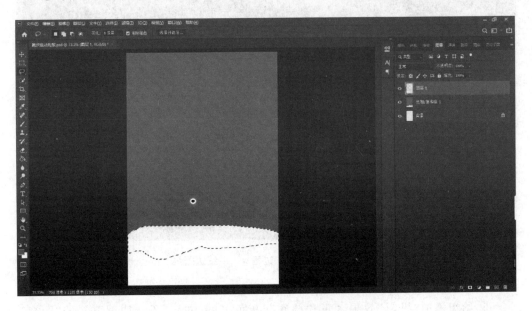

图2-3.8 制作过程2——纸边效果

图 2-3.9　制作过程 3——纸边效果

③ 置入背景素材，移动到背景图层的上方；用 Ctrl+J 快捷键复制素材图层，按 Alt 键将素材移动到"图层 1"的上方，右击选择"创建剪切蒙版"，降低图层"不透明度"28%（见图 2-3.10）。

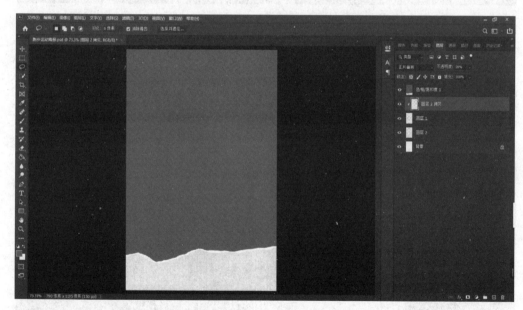

图 2-3.10　制作过程 4——纸边效果

④ 选择图层用 Ctrl+G 快捷键编组（见图 2-3.11）。

⑤ 给组添加"投影"效果，"正片叠底"、灰色（999999）、"不透明度"68%、"距离"7 像素、"大小"29 像素（见图 2-3.12）。

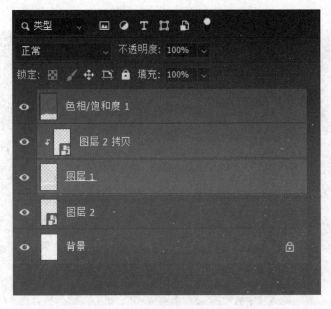

图 2-3.11 制作过程 5——纸边效果

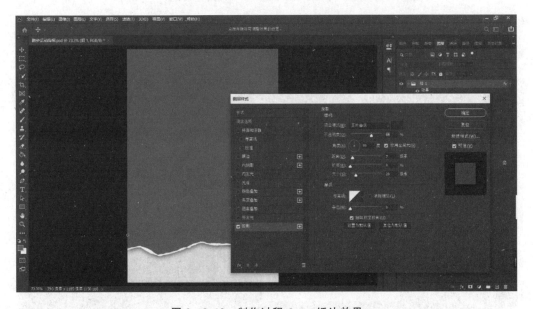

图 2-3.12 制作过程 6——纸边效果

⑥ "置入"图案素材,右击"创建剪切蒙版",用 Ctrl+T 快捷键调整大小,图层模式"柔光"(见图 2-3.13)。

⑦ 右击"栅格化图层"用 Ctrl+Shift+U 快捷键去色,图层"不透明度"20%(见图 2-3.14)。

⑧ 拖入斑点素材,"创建剪切蒙版",图层"不透明度"20%(见图 2-3.15)。

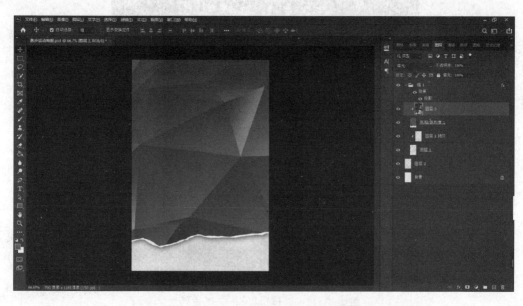

图 2-3.13 制作过程 7——纸边效果

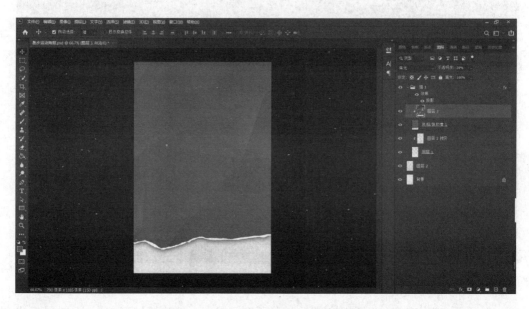

图 2-3.14 制作过程 8——纸边效果

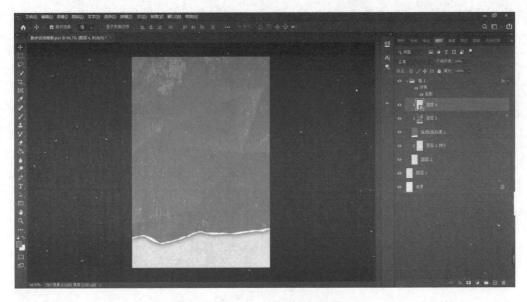

图 2-3.15　制作过程 9——纸边效果

3.2.3　主题字效

① 使用"文字工具"或用快捷键 T 输入文案,字体为"庞门正道标题",用 Ctrl+T 快捷键调整字体大小,复制文字图层,右击选择"转换为形状",按 Ctrl+T 快捷键然后右击选择"变形",调整形状(见图 2-3.16 和图 2-3.17)。

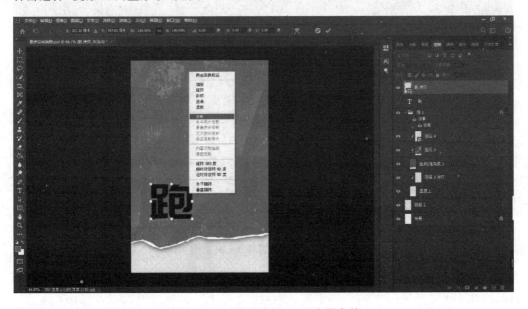

图 2-3.16　制作过程 1——主题字效

图 2-3.17 制作过程 2——主题字效

② 给文字图层"添加蒙版",用"钢笔工具"在文字上绘制形状,选中蒙版填充黑色(见图 2-3.18)。

图 2-3.18 制作过程 3——主题字效

③ 用"矩形工具"创建矩形,按 Alt+Ctrl 快捷键斜切,调整矩形形状和位置(见图 2-3.19)。

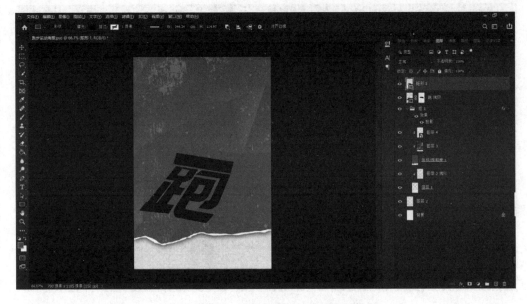

图 2-3.19　制作过程 4——主题字效

④ 按 Alt 键拖动复制矩形,用 Ctrl+T 快捷键调整大小、位置(注意楼梯的透视关系)(见图 2-3.20)。

图 2-3.20　制作过程 5——主题字效

⑤ 拖入人物素材,用 Ctrl+T 快捷键调整大小和位置(见图 2-3.21)。
⑥ 复制人物和矩形图层用 Ctrl+E 快捷键合并(见图 2-3.22 和图 2-3.23)。

245

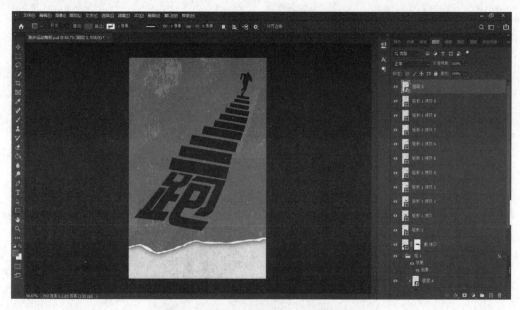

图 2-3.21 制作过程 6——主题字效

图 2-3.22 制作过程 7——主题字效

图 2-3.23　制作过程 8——主题字效

⑦ 在菜单栏单击"选择",然后按 Alt 键,弹出"载入选区",单击"确定"按钮(见图 2-3.24 和图 2-3.25)。

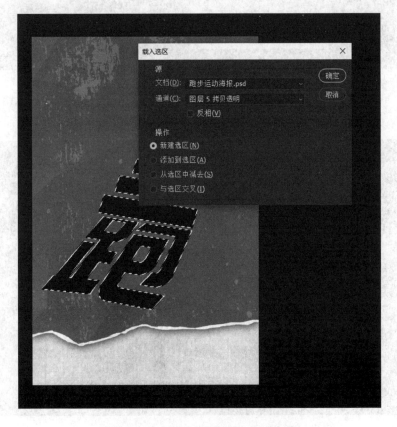

图 2-3.24　制作过程 9——主题字效

⑧ 在菜单栏单击"选择"→"修改"→"扩展"8 像素(见图 2-3.26)。
⑨ 新建图层,用 Alt+E+S 快捷键描边,2 像素、黑色,并编组(见图 2-3.27)。

图 2-3.25 制作过程 10——主题字效

图 2-3.26 制作过程 11——主题字效

图 2-3.27 制作过程 12——主题字效

3.2.4 文字排版

① 用"文字工具"输入英文字母 r、u、n,用 Ctrl+G 快捷键进行图层编组,分别给文字图层"添加蒙版",使用黑色到透明的"渐变工具"绘制渐变效果,并调整位置(见图 2-3.28)。

图 2-3.28 制作过程 1——文字排版

② 给组添加"投影"效果,"正片叠底"、背景棕色,"不透明度"68%,"距离"7 像素,"大小"29 像素(见图 2-3.29)。

图 2-3.29　制作过程 2——文字排版

③ 按住 Ctrl+Shift 快捷键将文字载入选区，新建图层填充白色，按方向键移动选区 2px，按 Delete 键删除，得到描边（见图 2-3.30）。

图 2-3.30　制作过程 3——文字排版

④ 用同样的方法输入其他文案，调整字体大小和位置，使用"矩形工具"创建小矩形，作为装饰点缀画面。文案的排版效果如图 2-3.31 所示。

⑤ 拖入肌理，移动到"组 2"的上方，右击选择"创建剪切蒙版"，"吸管工具"吸取背景的颜色，用 Alt+Delete 快捷键填充（见图 2-3.32）。

图 2-3.31　制作过程 4——文字排版

⑥ 新建图层,"渐变工具"绘制蓝紫色的渐变,图层模式"滤色","不透明度"20%(见图 2-3.33)。

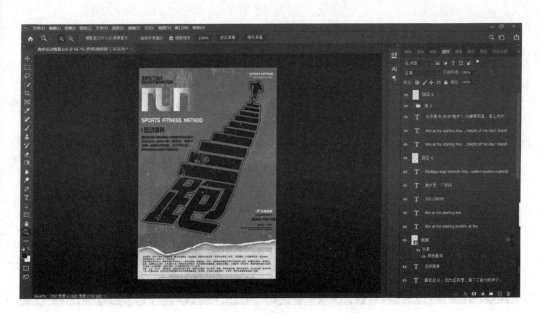

图 2-3.32　制作过程 5——文字排版

⑦ 图层"可选颜色","中性色"中的"洋红"−2、"黄色"+15(见图 2-3.34)。

⑧ 用 Ctrl+Shift+Alt+E 快捷键盖印图层,"滤镜""其他""高反差保留"1 像素(见图 2-3.35)。

⑨ 图层模式"线性光",图层"不透明度"50%(见图2-3.36)。

图2-3.33 制作过程6——文字排版

图2-3.34 制作过程7——文字排版

图 2-3.35　制作过程 8——文字排版

图 2-3.36　制作过程 9——文字排版

3.3　完成图

完成后的效果图如图 2-3.37 所示。

注意：

① 注意楼梯的透视。

② 纸边效果不能太生硬。

创新作业：根据案例实现海报的设计效果，学习文字图形化处理手法，熟悉文字排版的方式，举一反三做出类似的创意字海报。

图 2-3.37 完成图

第4章 化妆品包装设计

化妆品是人们日常较为常见的物品,其外包装种类繁多。外包装一般分为一级和二级包装,与化妆品直接接触的是二级包装,其材质多为玻璃或塑料材质。玻璃材质最大的缺点就是反光比较强烈,这种材质在拍摄时比较容易产生瑕疵,因此所有的商品在展示时都会进行修图,主要是光源和反光的修饰。

4.1 包装的材料

化妆品包装一般由较为耐用的材料制成:塑料、软包装,当然使用较多的是玻璃。玻璃既美观也容易储存产品,具有一定的封闭性。由于化妆品主要以品牌形象出售,因此容器的美学非常重要。接下来我们用 Photoshop 演示化妆品包装效果图的设计过程。

4.2 制作过程

4.2.1 化妆品包装上部分制作

① 确定包装尺寸大小,"宽度"为 800,"高度"为 1 500,"分辨率"为 72(见图 2-4.1),

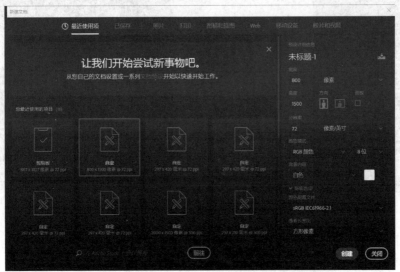

图 2-4.1 制作过程 1——化妆品包装上部分制作

制作化妆品包装的上、中、下部分(见图2-4.2)。

图2-4.2 制作过程2——化妆品包装上部分制作

② 将打开PS,拖入素材,用Ctrl+N快捷键新建画布,使用"矩形选框工具"框选,使用"椭圆选框工具"处理瓶盖(见图2-4.3)。

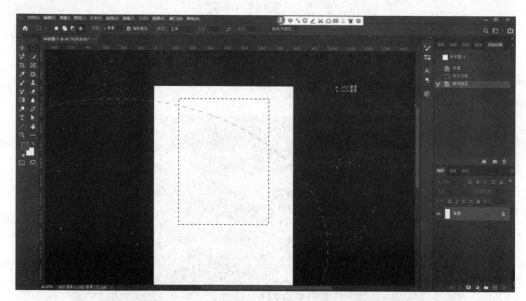

图2-4.3 制作过程3——化妆品包装上部分制作

③ 用Ctrl+J快捷键复制图层,填充黑色,拉出参考线,使用"矩形选框工具"框选,用Alt+单击图层创建剪切蒙版(见图2-4.4)。

④ 填充背景色,用Ctrl+J快捷键复制黑色图层,往左移动填充为白色,使用"矩形

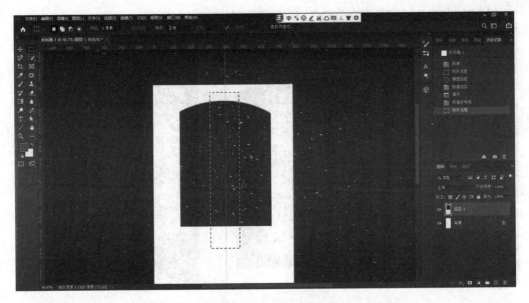

图2-4.4　制作过程4——化妆品包装上部分制作

选框工具"框选,填充黑色,使用"高斯模糊工具"进行模糊(见图2-4.5)。

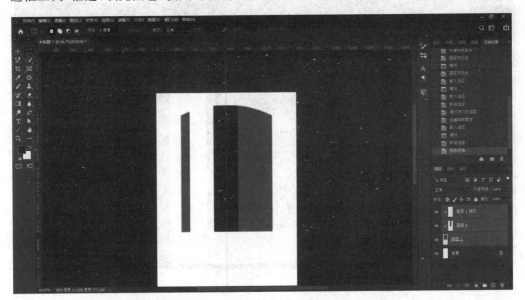

图2-4.5　制作过程5——化妆品包装上部分制作

⑤ 用Ctrl+E快捷键合并图层,使用"钢笔工具"对瓶盖上部进行处理,用Ctrl+J快捷键复制图层移动到右侧,用Ctrl+T快捷键水平翻转(见图2-4.6)。

⑥ 使用"矩形选框工具"框选,填充黑色,用Ctrl+T快捷键自由变换调整大小,使用"高斯模糊工具"进行模糊(见图2-4.7)。

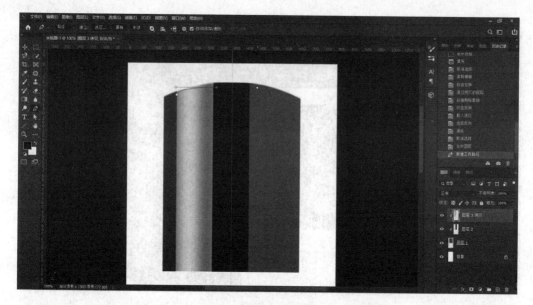

图 2-4.6 制作过程 6——化妆品包装上部分制作

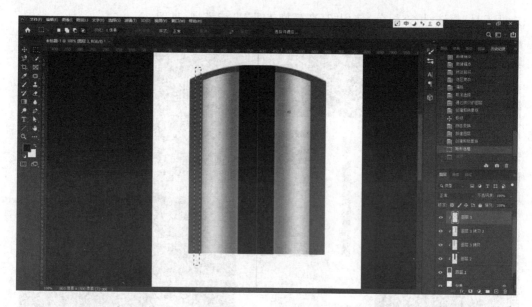

图 2-4.7 制作过程 7——化妆品包装上部分制作

⑦ 用 Ctrl+J 快捷键复制图层移动到右侧,使用"渐变工具"进行处理(见图 2-4.8)。

⑧ 用 Ctrl+单击图层调出选区,填充黑色,使用"高斯模糊工具"进行模糊(见图 2-4.9)。

⑨ 使用"钢笔工具"描边路径,填充白色,使用"高斯模糊工具"进行模糊(见图 2-4.10)。

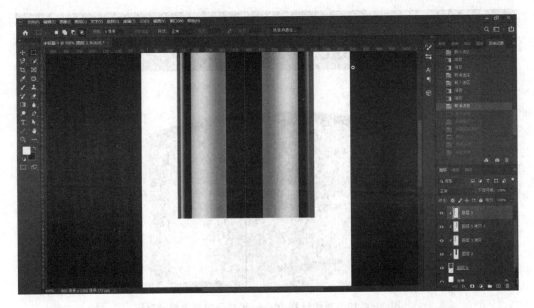

图 2-4.8　制作过程 8——化妆品包装上部分制作

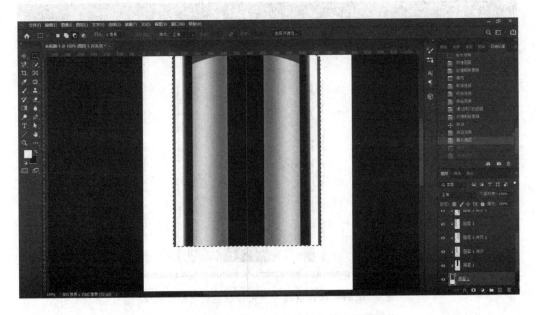

图 2-4.9　制作过程 9——化妆品包装上部分制作

⑩ 使用"钢笔工具"描边路径,填充白色,用 Ctrl+J 快捷键复制图层,填充黑色,用 Ctrl+E 快捷键合并图层(见图 2-4.11)。

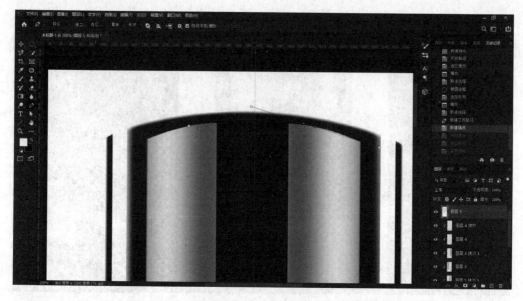

图 2-4.10 制作过程 10——化妆品包装上部分制作

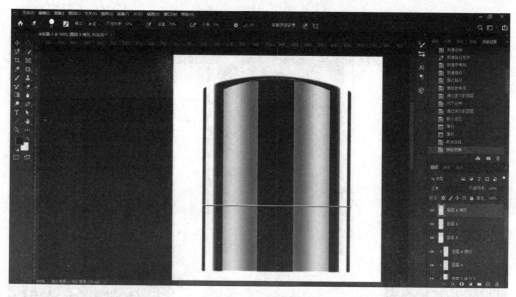

图 2-4.11 制作过程——化妆品包装上部分制作

4.2.2 化妆品包装中部分制作

因为化妆品中部分制作需要色彩美学,所以选择大红大绿的碰撞来博人眼球,使外观看上去比普通透明外观更具特色。

① 使用"矩形选框工具"框选,右边填充为绿色,用 Ctrl+J 快捷键复制图层填充红色移动到左边(见图 2-4.12)。

图 2-4.12 制作过程 1——化妆品包装中部分制作

② 使用"矩形选框工具"框选,填充黑色,调整"不透明度",使用"矩形选框工具"框选,填充白色,使用"高斯模糊工具"进行模糊(见图 2-4.13)。

图 2-4.13 制作过程 2——化妆品包装中部分制作

③ 使用"矩形选框工具"框选,填充黑色,使用"高斯模糊工具"进行模糊,调整"不透明度"(见图 2-4.14)。

④ 用 Ctrl+J 快捷键复制图层,用 Alt+单击图层创建剪切蒙版,移到右侧,调整大小(见图 2-4.15)。

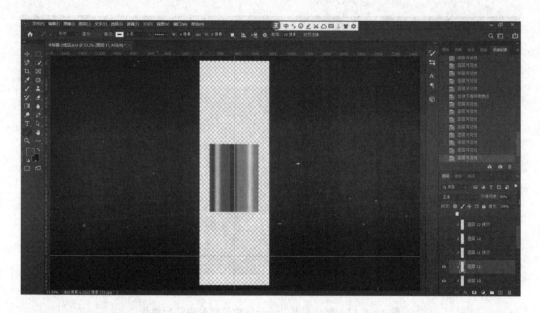

图 2-4.14 制作过程 3——化妆品包装中部分制作

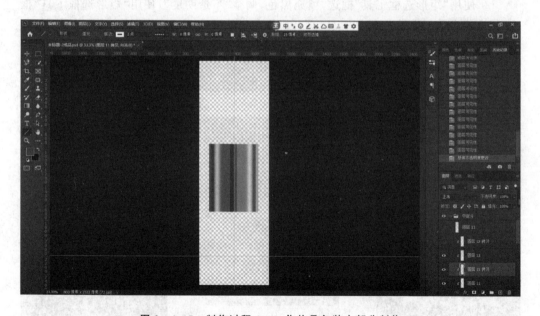

图 2-4.15 制作过程 4——化妆品包装中部分制作

⑤ 用 Ctrl+T 快捷键自由变换调整大小,与瓶盖部分统一尺寸(见图 2-4.16)。

⑥ 使用"钢笔工具"描边路径,使用"高斯模糊工具"进行模糊,用 Ctrl+T 快捷键自由变换调整大小(见图 2-4.17)。

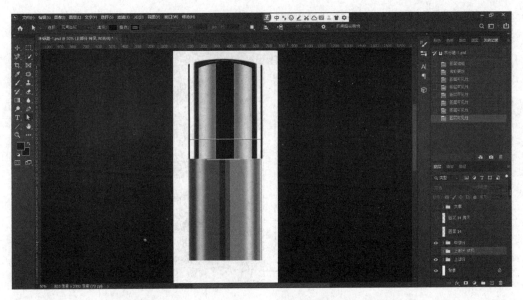

图 2-4.16 制作过程 5——化妆品包装中部分制作

图 2-4.17 制作过程 6——化妆品包装中部分制作

4.2.3 化妆品包装下部分制作

因为化妆品包装下部分和化妆品包装上部分差不多,所以可以直接复制上部分也就是瓶盖组。

① 用 Ctrl+J 快捷键复制瓶盖组,移动到下方,用 Ctrl+T 快捷键垂直翻转,调整位置(见图 2-4.18)。

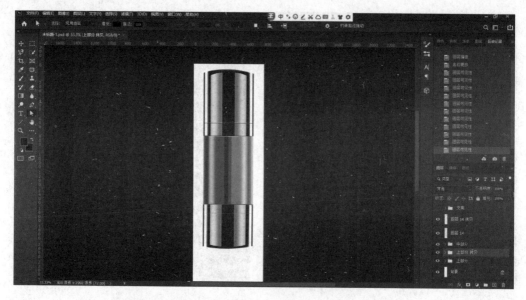

图 2-4.18 制作过程 1——化妆品包装下部分制作

② 注意瓶盖（上部分）与瓶身（中部分）之间的连接线，复制三层，使之向下合并，这样连接线既不会太突兀，同时还能表现出明暗对比的效果（见图 2-4.19）。

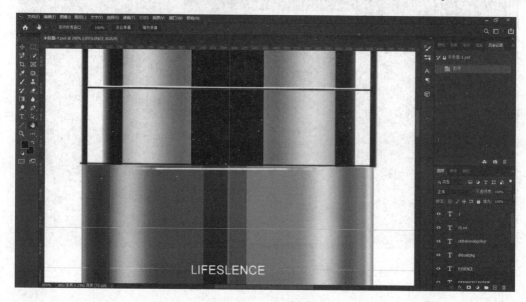

图 2-4.19 制作过程 2——化妆品包装下部分制作

③ 瓶身（中部分）打出相应文字，适当地调整它们的大小，因为是化妆品，所以选择字体尤为关键，本书选的是 Arial 和方正综艺简体这两种字体，因为它们相对其他字体更圆润（见图 2-4.20）。

④ 字体选好后，拉出参考线对文字进行相应的移动和缩小，使人们看到它们就知

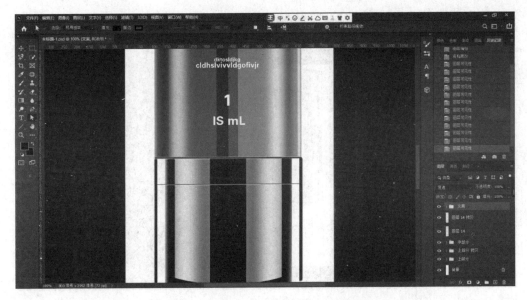

图 2-4.20 制作过程 3——化妆品包装下部分制作

道想表达什么,而不是简单地装饰一下瓶身(中部分)(见图 2-4.21)。

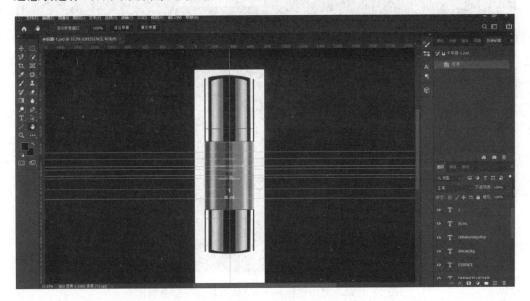

图 2-4.21 制作过程 4——化妆品包装下部分制作

⑤ 当我们把化妆品从瓶盖、瓶身到瓶底(上、中、下部分),以及文字大小、位置都调整好以后,下面开始调整最开始的背景大小,使用"裁剪工具"进行调整(见图 2-4.22)。

⑥ 背景大小调整好后,使用"矩形选框工具"框选,右侧填充为绿色,左侧填充为红色(见图 2-4.23)。

图2-4.22 制作过程5——化妆品包装下部分制作

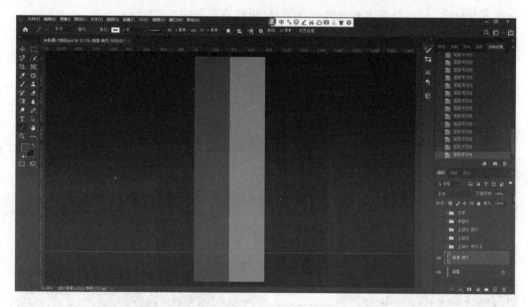

图2-4.23 制作过程6——化妆品包装下部分制作

4.2.4 调整与效果

① 调整按照开始的顺序一步一步地调,从瓶盖(上部分)与瓶身(中部分)的大小开始(见图2-4.24)。

② 调整好瓶盖和瓶身以后别忘了它们中间的连接,这一步很容易忘记(见图2-4.25)。

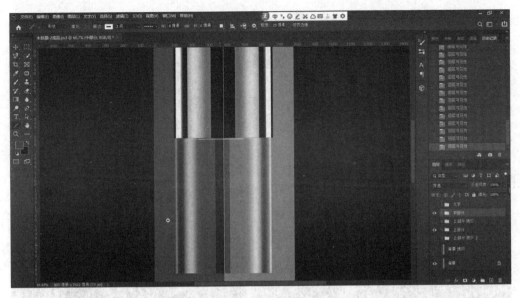

图 2-4.24　制作过程 1——调整与效果

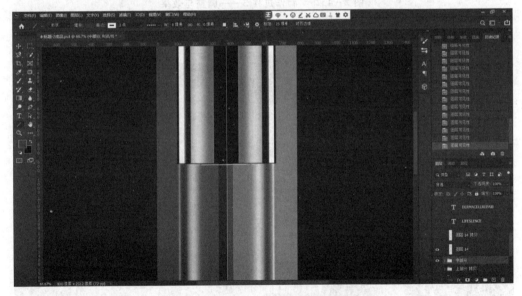

图 2-4.25　制作过程 2——调整与效果

③ 接下来调整文字的透明度和填充色(见图 2-4.26)。

④ 在调整过程中,发现数字"1"不够突出,于是"新建图层",使用"矩形选框工具"框选,填充颜色,文字颜色改为黑色,进行了文字调整(见图 2-4.27)。

⑤ 当文字排版等都调整好后,就可以清除参考线了(见图 2-4.28)。

图 2-4.26 制作过程 3——调整与效果

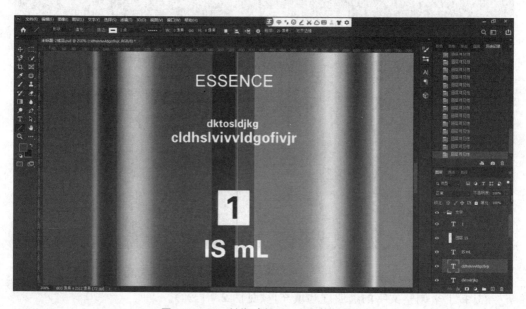

图 2-4.27 制作过程 4——调整与效果

图 2-4.28 制作过程 5——调整与效果

4.3 完成图

完成后的效果图如图 2-4.29 所示。

图 2-4.29 完成图

注意：
① 包装的透视与结构。
② 色彩搭配要符合产品特征。

创新作业： 根据案例的设计效果，尝试设计一款运动品牌的沐浴洗护产品效果图。

第 5 章　茶叶盒外包装设计

强大的 Photoshop 不仅可以制作新颖时尚的海报,而且还能设计产品的外包装,熟练掌握软件的基本功能之后,发挥你的设计灵感一起来试试吧!

本章我们将通过案例讲解,综合运用辅助线、选框工具、图层样式、字体等工具,制作出茶叶盒的外包装设计。

5.1　参考素材

参考图片素材集如图 2-5.1 所示。

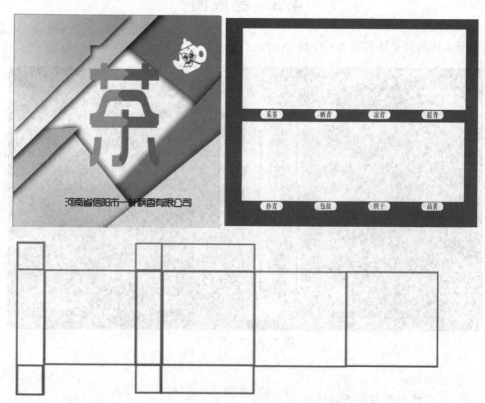

图 2-5.1　参考图片素材集

5.2 制作过程

5.2.1 包装结构制作

新建图纸,选择"矩形选框工具",用 Ctrl+R 快捷键显示辅助线,根据包装大小确定合适位置(见图 2-5.2)。

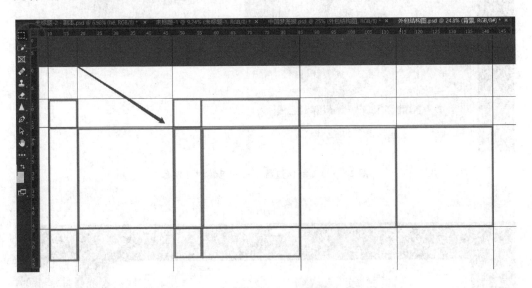

图 2-5.2 制作过程——包装结构制作

5.2.2 包装封面制作

① "新建"→"图层",制作包装盒封面(见图 2-5.3)。

图 2-5.3 制作过程1——包装封面制作

② 运用"矩形选框工具",对不同颜色的色块进行拼贴(见图 2-5.4)。

③ 制作色块进行拼贴后,选取色块,打开"图层样式",制作叠加效果(见图 2-5.5)。

④ 依次完成图片叠加效果,添加文字,并制作文字效果(见图 2-5.6)。

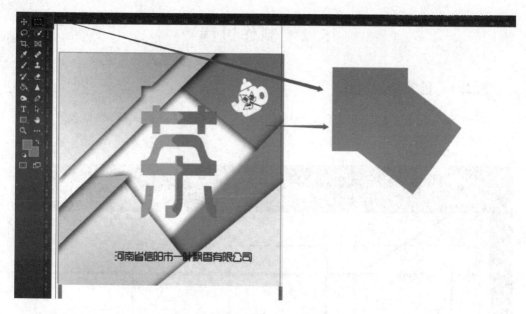

图 2-5.4 制作过程 2——包装封面制作

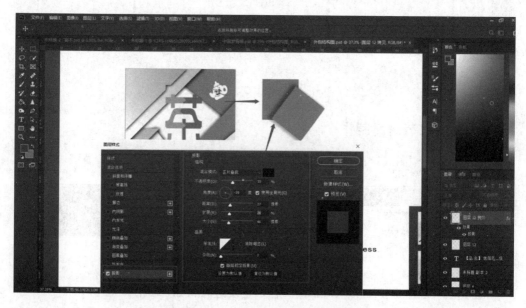

图 2-5.5 制作过程 3——包装封面制作

图 2-5.6 制作过程 4——包装封面制作

5.2.3 包装内部制作

① 将提前准备好的素材植入，放置合适位置（见图 2-5.7）。

图 2-5.7 制作过程 1——包装内部制作

② 在包装盒底部输入文字信息(见图 2-5.8)。

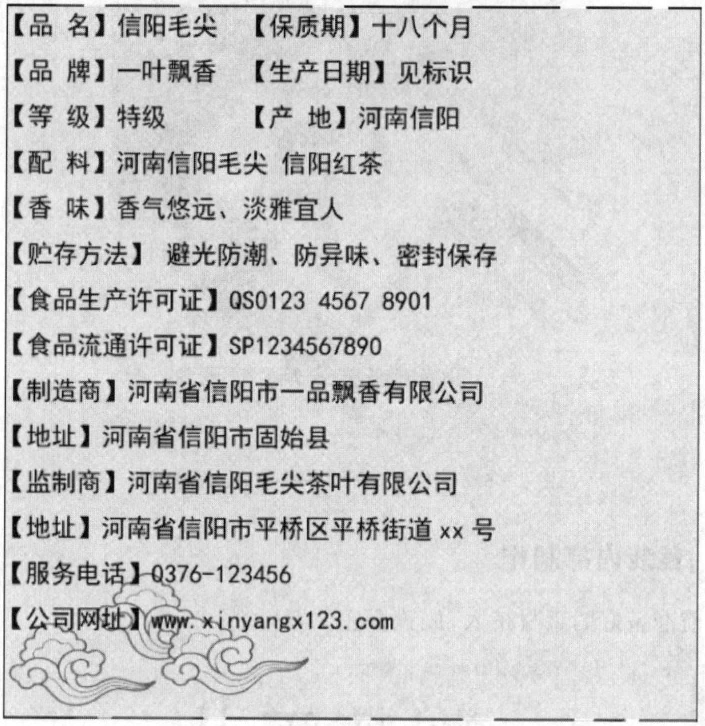

【品　名】信阳毛尖　　【保质期】十八个月
【品　牌】一叶飘香　　【生产日期】见标识
【等　级】特级　　　　【产　地】河南信阳
【配　料】河南信阳毛尖　信阳红茶
【香　味】香气悠远、淡雅宜人
【贮存方法】避光防潮、防异味、密封保存
【食品生产许可证】QS0123 4567 8901
【食品流通许可证】SP1234567890
【制造商】河南省信阳市一品飘香有限公司
【地　址】河南省信阳市固始县
【监制商】河南省信阳毛尖茶叶有限公司
【地　址】河南省信阳市平桥区平桥街道xx号
【服务电话】0376-123456
【公司网址】www.xinyangx123.com

图 2-5.8　制作过程 2——包装内部制作

5.2.4　调整包装内容与完成制作

完成后的效果图如图 2-5.9 所示。

注意：

① 包装的结构。

② 包装形式要符合产品的特点。

创新作业： 设计中秋月饼盒外包装。

要求：

① 突出节日主题。

② 创新性地展现包装的结构。

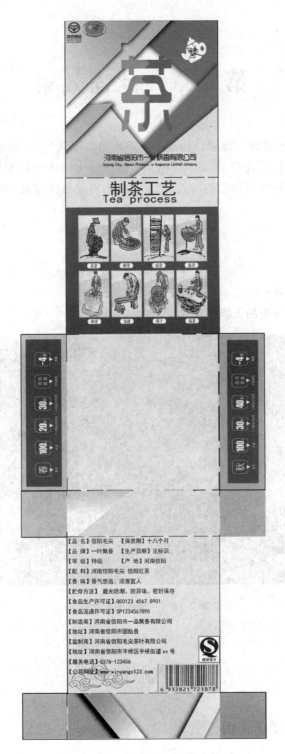

图 2-5.9　完成图

第 6 章　冰冻效果

Photoshop 主要处理以像素所构成的数字图像,"视觉"作为沟通和表现的方式,透过多种方式来创造和结合符号、图片和文字,借此做出用来传达想法或讯息的视觉表现。冰冻效果是一种虚拟仿真的特效,对塑形能力有很高的要求,还需要多种工具灵活搭配使用。

6.1　参考素材

找到一张轮廓清晰的人物手部图(见图 2-6.1)。

图 2-6.1　参考图片素材

6.2　制作过程

6.2.1　选出手部范围

① 导入素材。首先复制原图图层,可用 Ctrl+J 快捷键(见图 2-6.2)。

图 2-6.2 制作过程 1——选出手部范围

② 使用"快速选择工具",选择区域后,用 Ctrl+J 快捷键抠出需要变化的手臂(见图 2-6.3)。

图 2-6.3 制作过程 2——选出手部范围

③ 用 Ctrl+J 快捷键再次复制一层(见图 2-6.4)。

④ 同理抠出另一个手臂,并复制(见图 2-6.5)。

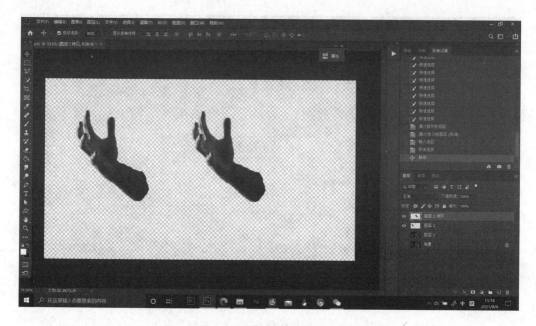

图 2-6.4 制作过程 3——选出手部范围

图 2-6.5 制作过程 4——选出手部范围

⑤ 用 Ctrl+Shift+U 快捷键选择一只手进行去色(见图 2-6.6)。

图 2-6.6　制作过程 5——选出手部范围

6.2.2　产生肌理

① 单击"滤镜",进入"滤镜库",选择"塑料",调节合适的数值(见图 2-6.7)。

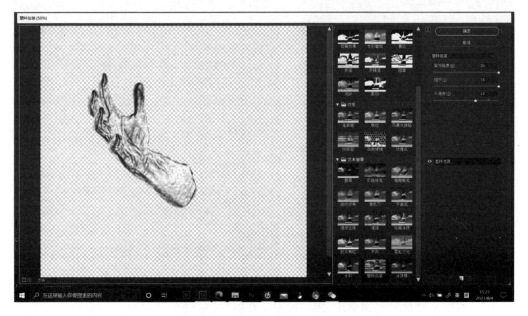

图 2-6.7　制作过程 1——产生肌理

② 单击本图层,用 Ctrl+I 快捷键进行反向(见图 2-6.8)。

图 2-6.8 制作过程 2——产生肌理

③ 在右下角将"图层"中"正常"改为"滤色{混合模式}"(见图 2-6.9)。

图 2-6.9 制作过程 3——产生肌理

④ 新建色相饱和度调整层,用于这个手臂图层(见图 2-6.10)。
⑤ 按住 Alt 键并单击两个图层中间缝隙{剪切蒙版}(见图 2-6.11)。
⑥ 单击着色并调整颜色(见图 2-6.12)。

图 2-6.10 制作过程 4——产生肌理

图 2-6.11 制作过程 5——产生肌理

⑦ 另一只手也同样,并使用"蒙版",使用"画笔工具"擦出渐变(见图 2-6.13)。

⑧ 用 Ctrl+G 快捷键编组,将图层与色相饱和度编为一组,并把色相饱和度拉出组,右击创建剪切蒙版组,去除手的本来颜色(见图 2-6.14)。

图 2-6.12 制作过程 6——产生肌理

图 2-6.13 制作过程 7——产生肌理

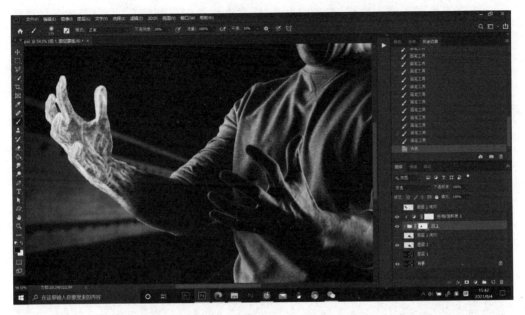

图 2-6.14 制作过程 8——产生肌理

6.2.3 增加冰冻效果

① 在组内图层上复制一层,单击打开"滤镜库",选择"玻璃"调节数值,"扭曲度"为 6,"平滑度"为 4,"缩放"为 85%(见图 2-6.15)。

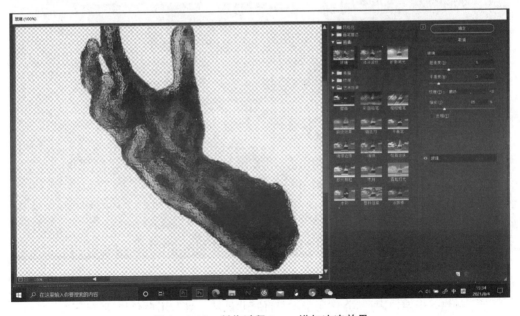

图 2-6.15 制作过程 1——增加冰冻效果

② 在本组双击进入效果,选择内发光{图素选择居中},外发光{混合模式选择滤色或柔光}调节合适的颜色(见图2-6.16和图2-6.17)。

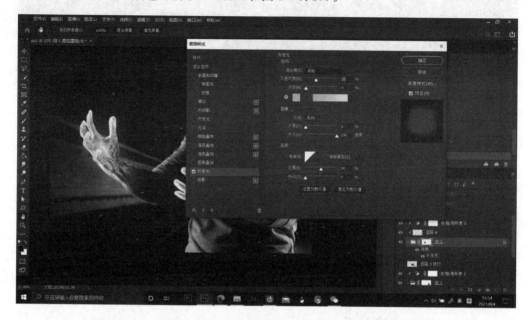

图2-6.16　制作过程2——增加冰冻效果

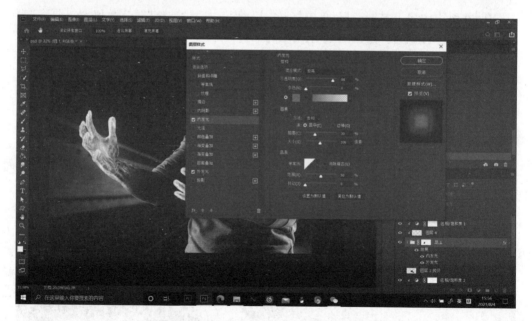

图2-6.17　制作过程3——增加冰冻效果

③ 新建一个空白图层,并作用于本组,使用"画笔工具",用白色提亮(见图2-6.18)。

图 2-6.18 制作过程 4——增加冰冻效果

④ 另一只手同样,并"新建图层",用笔刷创造碎屑(见图 2-6.19)。

图 2-6.19 制作过程 5——增加冰冻效果

⑤ 调整碎屑大小方向以及数量多少(见图 2-6.20)。
⑥ 选择之前复制的手臂层,载入选区,套入蒙版(见图 2-6.21)。
⑦ 单击"蒙版层",用 Ctrl+I 快捷键反选(见图 2-6.22)。

图 2-6.20　制作过程 6——增加冰冻效果

图 2-6.21　制作过程 7——增加冰冻效果

⑧ 用 Ctrl+Shift+Alt+E 快捷键盖印并复制一层（见图 2-6.23）。

图 2-6.22　制作过程 8——增加冰冻效果

图 2-6.23　制作过程 9——增加冰冻效果

6.2.4　使用 Camera Raw 调整颜色

① 参数（见图 2-6.24）。

➢ 基本：色温－2,降低曝光－0.5,提高阴影＋9,调大清晰度＋6,去除薄雾－4；

➢ 效果：颗粒+19，高光优先，数量-22，羽化+55；
➢ 细节：数量+26，半径-0.8，分离色调，阴影，色相216，饱和度25。

图2-6.24 制作过程1——使用Camera Raw调整颜色

② 调整另一只手，并调整到冷色调，套用"蒙版"后擦出想要的部分（见图2-6.25）。

图2-6.25 制作过程2——使用Camera Raw调整颜色

③ 上下两边加上黑色长条，提高画面完整度，使用"矩形选框工具"，填充颜色为黑

色,复制一层后挪到合适的位置(见图 2-6.26)。

图 2-6.26　制作过程 3——使用 Camera Raw 调整颜色

④ 使用文字工具加上字幕(见图 2-6.27)。

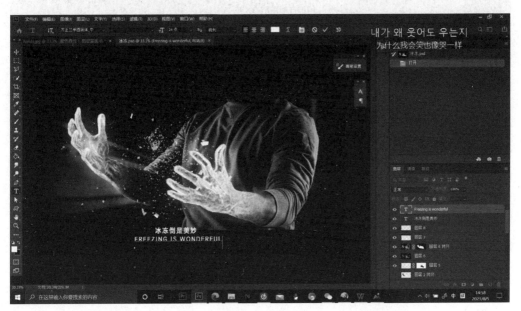

图 2-6.27　制作过程 4——使用 Camera Raw 调整颜色

6.3　完成效果

完成后的效果如图2-6.28所示。

图2-6.28　完成效果

注意：
① 钢笔路径要描得细致。
② 碎片效果要有大小、方向的变化。

创新作业： 根据案例的设计效果，举一反三地尝试火焰、蒸汽、水晶等特效。

第 7 章 烟雾效果

"烟雾"可以在 PS 中制作成笔刷,PS 笔刷就是画笔,不同素材制作出来的笔刷,能够在画面中起到一定的效果。烟雾远看近看都似若有若无,有一种朦胧美,下面我们来演示一下如何制作。

7.1 参考素材

烟雾照片素材如图 2-7.1 所示,人物照片素材如图 2-7.2 所示。

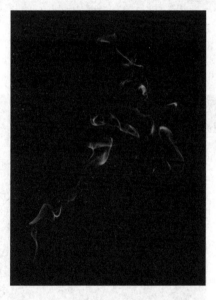 

图 2-7.1 参考图片素材——烟雾　　　　图 2-7.2 参考图片素材——人物

7.2 制作过程

7.2.1 制作烟雾笔刷

① 首先将烟雾素材导入 PS,对于制作笔刷来说我们需要纯白色背景,单击"图层"

进行反向操作,快捷键为 Ctrl+I(见图 2-7.3)。

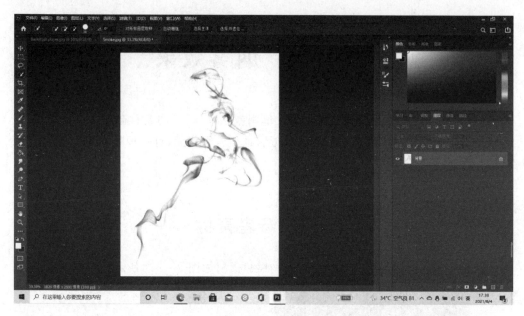

图 2-7.3　制作过程 1——制作烟雾笔刷

② 降低饱和度将图片去色,快捷键为 Shift+Ctrl+U(见图 2-7.4)。

图 2-7.4　制作过程 2——制作烟雾笔刷

③ 打开"色阶",拖动界面中对比度处的滑块即可调整图片的对比度,使图片黑白对比明显,快捷键为 Ctrl+L(见图 2-7.5)。

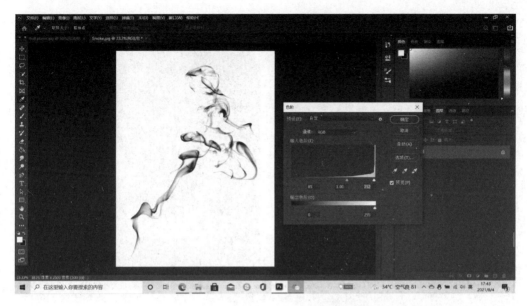

图 2-7.5 制作过程 3——制作烟雾笔刷

④ 单击 PS 顶部菜单栏的"编辑",找到"定义画笔预设"并命名(见图 2-7.6)。

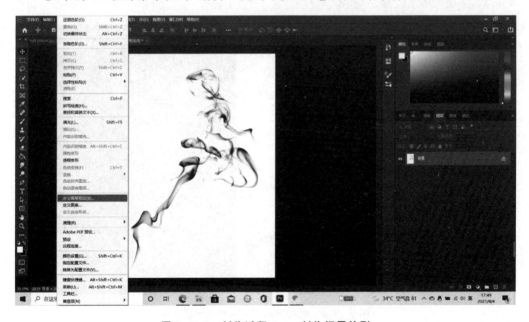

图 2-7.6 制作过程 4——制作烟雾笔刷

⑤ 创建新白色图层,按 F5 键调整笔刷属性,将"形状动态"当中的"大小抖动"调整为 100%,"角度抖动"调整为 100%,单击"传递",将不透明抖动调整为 100%,单击"画笔笔尖形状",将间距调整为 20%(见图 2-7.7)。

提示:可以以此类推多制作一点大小有变化的烟雾笔刷,这样做出来的最终效果

图 2-7.7 制作过程 5——制作烟雾笔刷

更自然,不会死板(见图 2-7.8)。

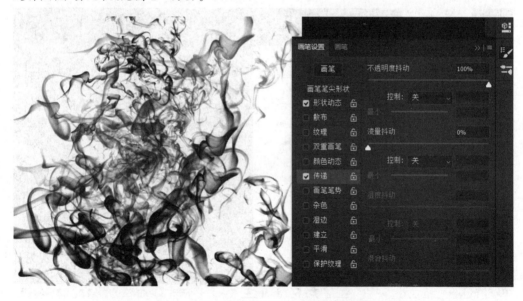

图 2-7.8 制作过程 6——制作烟雾笔刷

7.2.2 人物处理

① 将人物导入 PS 使用快速选择工具将人物选择后并复制图层,快捷键为 Ctrl+J (见图 2-7.9)。

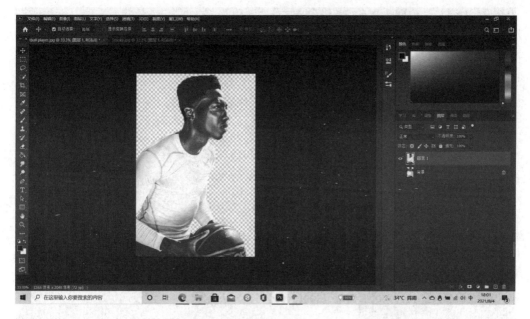

图 2-7.9 制作过程 1——人物处理

② 复制所抠选出来的图层,快捷键为 Ctrl+J,将之前所复制的图层命名区分(见图 2-7.10)。

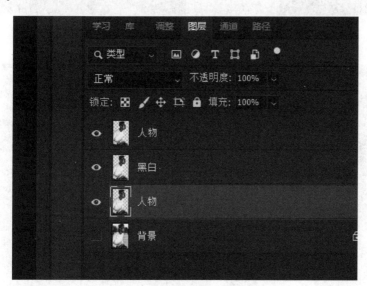

图 2-7.10 制作过程 2——人物处理

③ 创建新的填充,单击"纯色"选择黑色作为背景层(见图 2-7.11)。

④ 将黑白图层去色,快捷键为 Shift+Ctrl+U(见图 2-7.12)。

⑤ 单击人物 1,在 PS 顶部菜单栏找到"滤镜",单击"滤镜库",选择"风格化"当中的"照亮边缘",调整参数:宽度为 4,亮度为 5,平滑度调到最大(见图 2-7.13)。

295

图 2-7.11 制作过程 3——人物处理

图 2-7.12 制作过程 4——人物处理

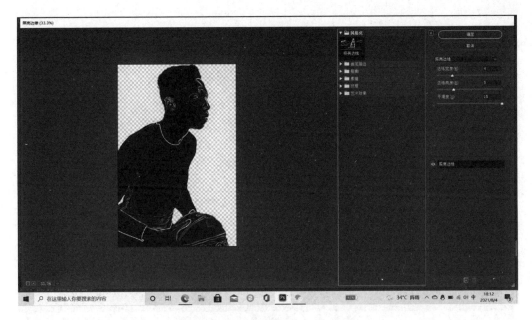

图 2-7.13 制作过程 5——人物处理

⑥ 将调好的图层 2 去色,快捷键为 Shift+Ctrl+U(见图 2-7.14)。

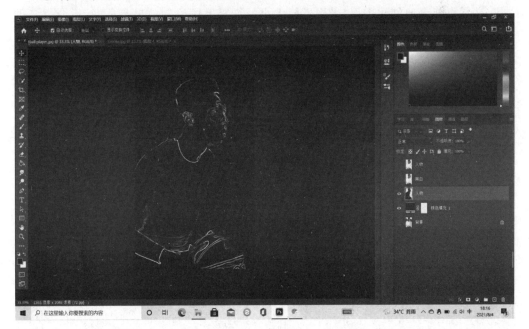

图 2-7.14 制作过程 6——人物处理

7.2.3 素材结合

① 在图层 2 上面创建新的图层,用之前做好的烟雾笔刷,在人物上面绘制(见

图2-7.15)。

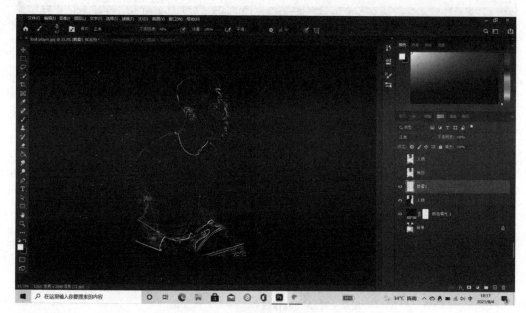

图2-7.15 制作过程1——素材结合

② 尽可能多地创建图层,采用不同大小的烟雾笔刷绘制效果会更好,不会过多重复。注意烟雾变化,避开人物面部(见图2-7.16)。

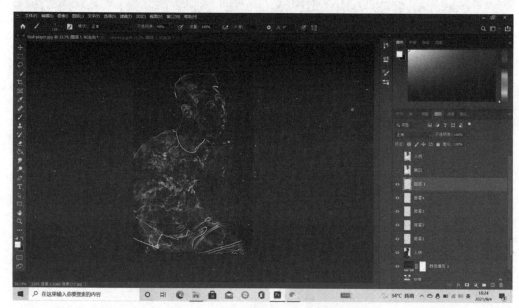

图2-7.16 制作过程2——素材结合

③ 选中所创建的烟雾图层进行编组,快捷键为 Ctrl+G。

如果烟雾涂出人物太多,可按住 Ctrl 键,单击需要遮盖的图层,再单击蒙版(见图 2-7.17)。

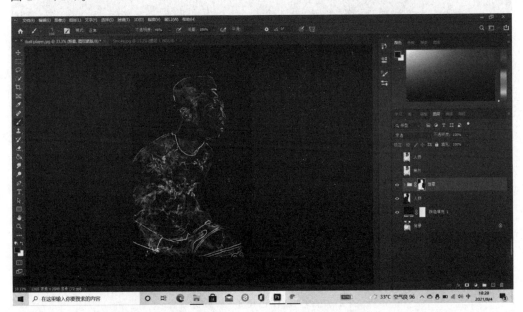

图 2-7.17 制作过程 3——素材结合

④ 人物身体里充满了烟雾,效果会有些许苍白,可以在遮罩的图层上用小的白色烟雾刷,在他周围绘制出一些烟雾空气感(见图 2-7.18)。

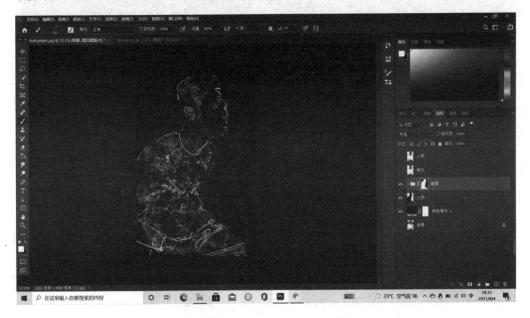

图 2-7.18 制作过程 4——素材结合

⑤ 在合并的烟雾组中,创建"蒙版"用黑色柔边笔刷调整烟雾(见图 2-7.19)。

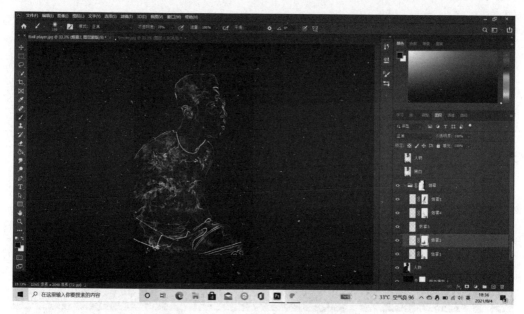

图 2-7.19 制作过程 5——素材结合

⑥ 单击图层 2 创建"蒙版",将黑色柔边笔透明度调制在 25%～35% 之间,在人物线条明显处涂抹使它虚化(见图 2-7.20)。

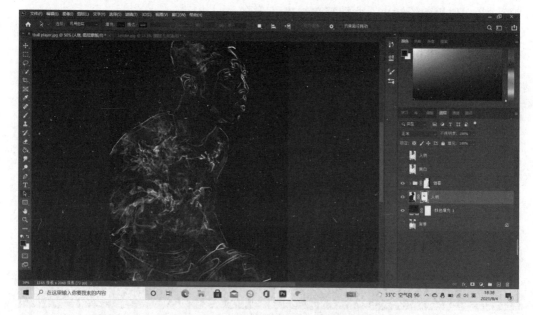

图 2-7.20 制作过程 6——素材结合

⑦ 在黑白图层创建"蒙版"并添加"分层云彩"效果(见图 2-7.21)。

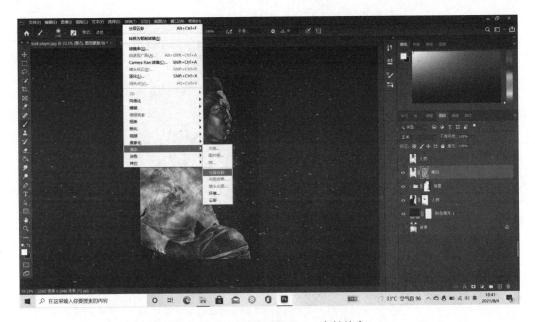

图 2-7.21 制作过程 7——素材结合

⑧ 打开"色阶",拖动界面中对比度处的滑块,将图片调暗一点(见图 2-7.22)。

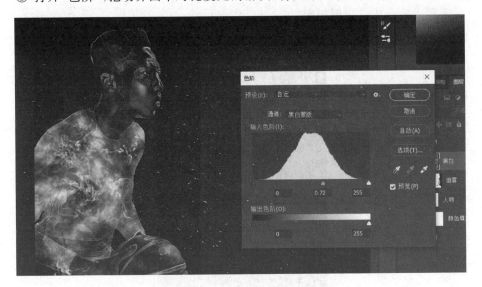

图 2-7.22 制作过程 8——素材结合

⑨ 将图层不透明度调暗为 42%(见图 2-7.23)。

图 2-7.23 制作过程 9——素材结合

7.3 烟雾和人脸合成效果图

烟雾和人脸合成效果图如图 2-7.24 所示。

图 2-7.24 烟雾和人脸合成效果图

注意：如果"定义画笔预设"为灰色，则 PS cc 及以上版本图片大小不能超过 5 000 像素 PS cs6 及以下版本不能超过 2 500 像素。

创新作业：根据前面制作烟雾笔刷的过程，联想一下还有什么可以和人物结合做出来不一样的效果，并试着做出来。

第8章 时空传送门

当你想要一个浩瀚的时空传送门,但这是我们现实生活中没有的东西,那我们如何把它做出来呢?这时候可以通过选择合成图像来解决,通过图层的叠加来完成,从图像操作窗口观察合成情况,把众多图层叠加到一起,使用去背景、抠图、蒙版、通道、透明、半透明、局部透明、等各种方法来实现。

8.1 参考素材

参考图片素材如图 2-8.1 所示。

图 2-8.1 参考图片素材集

8.2 制作过程

8.2.1 底层制作(云海)

① 首先将需要的图片插入(见图 2-8.2)。

图 2-8.2 制作过程 1——底层制作

② 使用"套索工具"将不需要的人物与山丘进行内容识别(见图 2-8.3)。

图 2-8.3 制作过程 2——底层制作

进行多次调整进而得到一个云海,底层的天空对于浩瀚的时空来说并不完美,所以我们需要将原来的天空进行调整。

③ 添加图层蒙版,选择渐变工具(见图 2-8.4)。

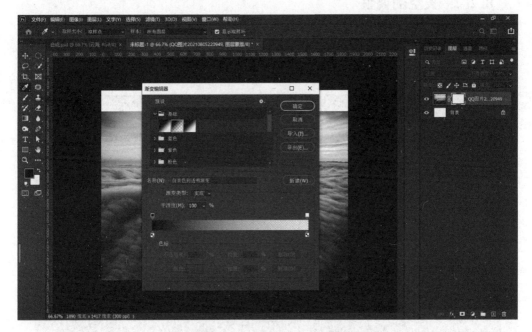

图 2-8.4　制作过程 3——底层制作

④ 调整"渐变",注意此时选择的是图层蒙板,从上面定点往下拉会形成一个渐变,直到原图天空消失(见图 2-8.5)。

图 2-8.5　制作过程 4——底层制作

8.2.2 天空的调整

① 当我们找到需要的天空素材后,把它拖入其中并且置于云海底层,进行拉伸并铺满天空,单击"图层"转换为"智能对象",用快捷键 Ctrl+L 打开"色阶"调整颜色(见图 2-8.6)。

图 2-8.6 制作过程 1——天空的调整

② 如图 2-8.7 所示,回到云海图层,在图层蒙版上用"画笔工具"(调整画笔透明

图 2-8.7 制作过程 2——天空的调整

度,选择柔边圆)进行天空与云海的融合调整;然后单击图层界面下方的圆形(创建新的填充或调整图层)工具,选择"色阶"并单击带箭头的图标创建"剪切蒙版",调整数值。

③ 打开创建新的填充或调整"图层工具"单击"色彩平衡",并单击带箭头的图标创建"剪切蒙版",调整数值(见图2-8.8)。

图 2-8.8　制作过程 3——天空的调整

④ 新建图层在图层上右击选择创建"剪切蒙版",单击"画笔工具"按 Alt 键取色进行云层的刻画(调整画笔透明度,选择柔边圆),突出中间的云层,对两边的云层进行颜色加深。

8.2.3　时光之门(将光圈与需要的照片进行融合)

① 首先将光圈拖进来并选择混合模式中的滤色,这样我们可以得到一个单独的光圈,单击图层下方的符号创建"剪切蒙版",使用"画笔工具"将光圈融合到云层(见图2-8.9)。

② 找到"椭圆工具"在光圈里拉出一个圆,选择前景色窗口单击拾色器选择黑色进行颜色填充,并拖动图层放置在光圈下面(见图2-8.10)。

③ 将需要填充的图层拉入之后放置在光圈图层下面并找到合适的位置,右击"图层"选择"创建剪贴蒙版"(见图2-8.11)。

④ 右击选择"水平翻转",拖动图层调整到一个合适的位置(见图2-8.12)。

⑤ 新建"画布",选择"画笔工具"按 Alt 键取光圈的颜色对光圈周围进行一个前景色的刻画,并且选择混合模式中的颜色减淡,这样光晕就刻画好了(见图2-8.13)。

图 2-8.9 制作过程 1——时光之门

图 2-8.10 制作过程 2——时光之门

图 2-8.11 制作过程 3——时光之门

图 2-8.12 制作过程 4——时光之门

图 2-8.13 制作过程 5——时光之门

8.2.4 旅行者和船

① 首先选择钢笔工具把船圈住,右击,对船"建立选区",单击移动工具就可以将船抠出来(见图 2-8.14)。(使用"钢笔工具"分别将船和人物从原图中抠出来,方法一样,这里只举一个例子)

图 2-8.14 制作过程 1——旅行者和船

② 将船拉入时空之门里,右击选择"水平翻转"调整到合适位置,在 PS 上方工具栏"滤镜"中找到"Camera Raw 滤镜",调整数值(见图 2-8.15)。

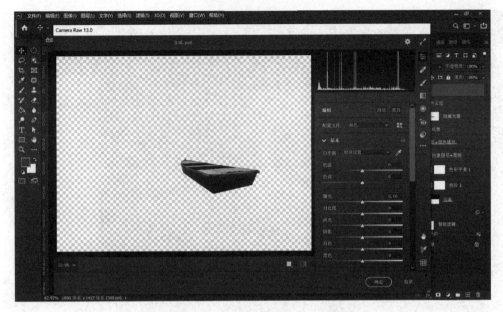

图 2-8.15　制作过程 2——旅行者和船

③ 在船本身的图层上添加"图层蒙版"(图层下方的蒙版符号),使用"画笔工具"将船与云层融合。新建图层,右击"创建剪切蒙版",填充颜色使用快捷键 Shift+F5 选择 50%灰,选择混合模式中的颜色"叠加"(见图 2-8.16)。

图 2-8.16　制作过程 3——旅行者和船

④ 在黄色云层上方加一个图层,选择"画笔工具"按 Alt 键取色,取云海中深色的部分刻画船的阴影,并选择混合模式中的"正片叠底"(见图 2-8.17)。

图 2-8.17　制作过程 4——旅行者和船

⑤ 回到最上方建立一个新的图层,选择"画笔工具"按 Alt 键取光环颜色对船进行一个光源的刻画,选择混合模式中的"颜色减淡"(见图 2-8.18)。

图 2-8.18　制作过程 5——旅行者和船

⑥ 将人物抠出后,调整人物大小并右击选择"水平翻转"使人物面对光环,使用"套索工具"将小腿部分圈起来,并用"橡皮擦"进行擦除,这样可以使人物和船更好地融合(见图 2-8.19)。

图 2-8.19 制作过程 6——旅行者和船

⑦ 双击人物"图层",打开"图层样式"选择"内阴影"(混合模式变为"颜色减淡")。然后添加图层对人物进行一个光影处理,选择"画笔工具"按 Alt 键取光圈的颜色对人物周围进行一个前景色的刻画,并且选择混合模式中的"颜色减淡"(见图 2-8.20,与

图 2-8.20 制作过程 7——旅行者和船

前面云层的光影做法一致）。

⑧ 在人物下方创建一个新的图层，选择"画笔工具"按 Alt 键取色，画人的阴影并同时对前面船的阴影添加人物阴影（见图 2-8.21）。

图 2-8.21　制作过程 8——旅行者和船

8.2.5　星空和整体的修改

① 将找到的星空拖入并选择混合模式中的滤色，用快捷键 Ctrl+L 打开"色阶"调整（见图 2-8.22）。

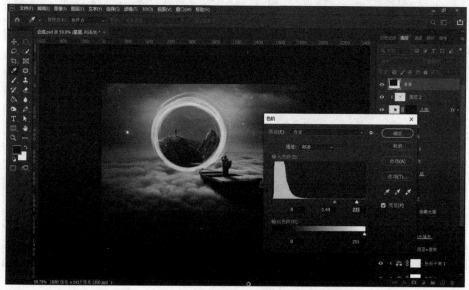

图 2-8.22　制作过程 1——星空和整体的修改

② 用快捷键 Ctrl+U 打开"色相饱和度"(见图 2-8.23)。

图 2-8.23　制作过程 2——星空和整体的修改

③ 使用"橡皮擦工具"(调整透明度和虚化边缘)对星星进行弱化,擦除很明显的边缘部分。单击创建新的填充或调整"图层工具",用快捷键 Ctrl+L 打开"色阶",调整整体数值(见图 2-8.24)。

图 2-8.24　制作过程 3——星空和整体的修改

315

④ 最后单击创建新的填充或调整图层工具选择"色彩平衡"进行调整（见图2-8.25）。

图2-8.25 制作过程4——星空和整体的修改

8.2.6 最终效果图

最终效果如图2-8.26所示。

图2-8.26 最终效果

注意：
① 图片之间的光影要相互融合，包括光线的角度，大小，颜色等，要处理得自然。
② 图片的衔接，最关键的是抠图融合要自然。
③ 创作阴影的时候一定要把握阴影的方向。

创新作业：《秋风过耳》。
要求：
① 找三到四张张图片进行合成。
② 整体感觉要有秋天的感觉。
③ 可以找一些树林落叶和不一样的风格的小道融合。

参考文献

[1] 亚力山大 迈克尔.Excel 2019 宝典：中文版[M].北京:清华大学出版社,2019.

[2] 张倩.Excel 企业经营数据分析实战[M].北京:清华大学出版社,2019.

[3] 柳扬.Excel 数据分析与可视化[M].北京:人民邮电出版社,2020.

[4] 张颖.Excel 在财务中的应用[M].北京:机械工业出版社,2020.

[5] 王招治.计算机财务管理——以 Excel 为分析工具[M].北京:人民邮电出版社,2017.

[6] 亚力山大.Excel 2019 高级 VBA 编程宝典：中文版[M].北京:清华大学出版社,2020.

[7] 尚品科技.Excel VBA 编程实战宝典[M].北京:清华大学出版社,2018.

[8] ExcelHome.Excel VBA 经典代码应用大全[M].北京:北京大学出版社,2019.

[9] 杨洋.深入浅出 Excel VBA [M].北京:电子工业出版社,2019.

[10] 刘琼.Excel VBA 案例实战从入门到精通[M].北京:机械工业出版社,2018.

[11] 剧桂芳.论 PS 软件在平面设计中的作用与应用 [J].科技视界,2018(16):81-82.

[12] 蒋琳.Photoshop 图像处理课程教学改革探索与思考[J].设计,2020,33(11):121-123.

[13] 钱婕.Photoshop 平面设计课程的创新教学法分析[J].知识经济,2019(34):141,143.

[14] 顾静静.基于翻转课堂的高职室内 PS 课程微课设计[J].电脑知识与技术,2017,13(35):192-193.

[15] 侯枫.图像处理课程教学改革探讨——以"六步四结合"教学模式为基础[J].中国教育学刊,2017(S1):85-89.

[16] 李传杨.分镜头设计中画面元素与情境构建的关系[J].艺术品鉴,2021,(9):64-65.

[17] 朱之敬,庄桂成.微电影剧本写作重要性探究[J],文学教育,2021,(4):116-117.

[18] 易瑄.微电影剧本创作策略研究[D].长沙:湖南师范大学,2016,(5).

[19] 王逸凡.微电影剧本创作中的构思以及方法分析[J].西部广播电视,2018(7):81-83.

[20] 徐丹.微电影的角色塑造与叙事策略[D].福州:福建师范大学,2019.

[21] 陈谦涵.移动互联网时代的竖屏视频创作策略研究[J].新闻前哨,2021,(6):44-45.

[22] 董月鑫.竖屏短视频的画面构图的探索与应用[D].北京:北京邮电大学,2021.

[23] 李杰.分镜头脚本设计教程[M].北京:中国青年出版社,2014.

[24] 李骏.电影视听语言[M].北京:北京大学出版社,2021.

[25] 唐纳德 A 诺曼.设计心理学：情感化设计[M].北京:中信出版社,2015.
[26] 陈洁茹.论手机游戏 UI 设计中视觉艺术元素的构成[J].艺术科技,2016,29(10)：280.
[27] 邓杰.游戏 UI 设计实战必修课[M].北京:人民邮电出版社,2016.
[28] 张尚进. 基于大数据时代下软件工程技术的应用研究 [J]. 数码世界,2020(12)：77-78.
[29] 叶锋,陆校松.电商产品网页 UI 设计中的色彩应用[J].美术教育研究,2018(20)：34-35.
[30] 周璨.视觉传达设计在移动 UI 界面设计中的应用[J].教育教学论坛,2019(12)：272-273.
[31] 朱雄轩.探讨数字媒体艺术设计 UI 设计课程的现状及其实践教学[J].科技资讯，2019,17(2):154-155.
[32] 何扬帆,覃会优.论图像学分析法对移动 UI 界面设计的应用研究[J].工业设计，2017(8):109-110.
[33] 蒋珍珍.Photoshop 移动 UI 设计从入门到精通[M].北京:清华大学出版社,2017.
[34] 高君.手机 UI 界面中情感化表现的创新性研究与应用[D].天津:天津工业大学,2016.
[35] 蔡希阳.探究 UI 设计的视觉传达艺术——以手机游戏《蛮荒与未来》设计为例[D].哈尔滨:哈尔滨师范大学,2015.
[36] 陈希赟,王珏,吕瑞境.智能手机游戏界面设计——以"嘉兴红十"UI 设计为例[J].设计,2017(5):11-13.
[37] 黑马程序员.Android 移动开发基础案例教程[M].北京:人民邮电出版社,2016.
[38] 黑马程序员.Android 移动应用基础案例教程（Android Studio）[M].2 版.北京:人民邮电出版社,2018.
[39] 徐昕军,袁媛,苏剑臣,等.基于 Android 平台的行为分析系统研究[J].计算机应用与软件,2016(4)：223-226.
[40] 高浩天,朱森林,常歌,等.基于农业物联网的智能温室系统架构与实现[J].农机化研究,2018,40(1):183-188.
[41] 王英强,等. Android 应用程序设计[M].3 版.北京：清华大学出版社，2021.
[42] 萧文翰.打造流畅的 Android App [M].北京：清华大学出版社，2020.
[43] 罗倩倩.FineBI 数据可视化分析[M].北京:电子工业出版社,2021.
[44] 王佳东.商业智能工具应用与数据可视化[M].北京:电子工业出版社,2020.
[45] 张庆玲,王芳,李军,等.Photoshop CS6 平面设计实训教程[M].北京:清华大学出版社,2018.
[46] 钟霜妙.Photoshop 平面设计从新手到高手[M].北京:清华大学出版社,2018.
[47] 清华大学艺术与科学研究中心,清华青岛艺术与科学创新研究院.艺术与科学融

合创新[M].北京:清华大学出版社,2021.
[48] 冯林.大学生创新基础[M].北京:高等教育出版社,2017.
[49] 阿恩海姆.视觉思维[M].腾守尧,译.成都:四川人民出版社,1998.
[50] 杨雪梅,王文亮,张红玉,等.大学生创新创业教程[M].2版.北京:清华大学出版社,2021.
[51] 郭芹.Photoshop图形图像处理实用教程[M].北京:高等教育出版社,2017.
[52] 徐娴,顾彬.边做边学——Photoshop CS6图像制作案例教程[M].北京:人民邮电出版社,2020.
[53] 苗苹,田园.Photoshop CC项目与实战[M].合肥:安徽美术出版社,2019.
[54] 王卫军.设计色彩与应用[M].合肥:安徽美术出版社,2018.